EVショック
ガラパゴス化する自動車王国ニッポン

高橋 優
Takahashi Yu

小学館新書

EVショック　ガラパゴス化する自動車王国ニッポン

目次

はじめに

いま世界では、「ＥＶシフト」が爆速で進行しています。

「ＥＶシフト」とは、内燃機関車（ガソリン車）から電気自動車（以下、ＥＶ）への移行のことです。ＥＶの普及率がわずか１％（２０２２年末現在）の日本ではなかなか実感することができませんが、ここ数年、世界ではＥＶの販売台数が飛躍的に伸びています。

例えば、北欧のノルウェーではすでに新車販売の８割程度がＥＶです。

また早くからＥＶを推進している「ＥＶ先進国」が多いヨーロッパ全体でも、２０２２年には15％程度がＥＶとなっています。

そして特筆すべきは隣国の中国市場です。Covid-19によるパンデミック以降急速にＥＶ販売を伸ばし、すでに20％以上、つまり世界最大の自動車大国である中国全体の毎月の新車販売のうち、約5台に1台がEVに置き換わりはじめているのです。

思ったよりも進行している世界のEVシフトの実態に、驚かれた方も少なからずいらっしゃるのではないでしょうか。日本は自動車大国ですが、一方では「EV後進国」なのです。

いやいや、ちょっと待って。日本でもプリウスなど電気を使用した車がたくさん売れているから問題ないのでは、と首をひねった方もいらっしゃるかもしれません。

たしかに日本では「電気自動車」の定義が曖昧で、様々な使われ方をしています。プリウスなどを、充電が必要だから電気自動車だと勘違いされている方がいても無理もありません。

しかし本書でEVについて取り上げる以上、まずはこの電気自動車についてきちんとご理解いただかないと話が混乱してしまいますので、簡単にご説明をします。

本書で取り上げるEVとは、バッテリーが供給する電気のみで動くバッテリーEV（BEV）のことです。

現在、世界では、この電気自動車の定義について、様々な独自の線引きが行われています。

例えば欧米、そして中国などの主要先進諸国では、電気自動車というと、前述したバッテリーEV（BEV）のほかにも、ガソリンエンジンとバッテリーを両方搭載し、ガソリンと電気の両方を併用して走行することができるプラグインハイブリッド車（PHEV）も含まれています。例えば三菱のアウトランダーPHEVやトヨタのプリウスPHVなどがPHEVに該当しています。

そして我々の日本市場では「電動車」と称して、PHEVに加えて、トヨタのプリウスや日産のノートなどのハイブリッド車も電気自動車のように扱われてはいます。しかしハイブリッド車はEVとは異なります。EVと同じくバッテリーとモーターを搭載しているものの、外部電源から充電することができないため、あくまでもガソリンエンジンを中心に使用して走行します。要するに、これまでの内燃機関車と根本的には変わりがありません。

このように現在、電気自動車には様々な定義があり、勘違いされている方もいらっしゃるかもしれませんが、本書でこれから取り上げるのは、ＥＶ＝バッテリーＥＶのことです。

そしてこのＥＶ、外見は内燃機関車と大差ないものの、実は内燃機関車にはない様々な優れた特徴を備えています。まだＥＶに乗ったことがない、という方のために内燃機関車との違いを簡単にお伝えしておきましょう。

・燃料は電気のみ。ガソリンは一切使わないので、排気ガスはゼロ
・ガソリンを使わないので、内燃機関である内燃エンジンが存在しない
・内燃エンジンがないので、ボンネット下も収納スペースに。後席足元をフラットフロアに設計することが可能で室内の空間も広い
・車輪は車軸に直付けしたモーターで動く。内燃エンジンと違ってほぼ無音。室内も静か
・アクセルをゆるめると同時に「回生ブレーキ」がかかり、減速を始める
・運転中にブレーキペダルはあまり使わず、アクセルのみのワンペダル運転が主流

・内燃エンジンの代わりに車のパワーと航続距離を決めるのがバッテリー。バッテリーの性能がそのＥＶの性能を決めると言っても過言ではない
・電気の供給は自宅での充電、あるいは街中の充電ステーションで行う

いかがでしょうか。ＥＶは内燃機関車とは似て非なるもの、ということがご理解いただけたでしょうか。詳細は本文でも折に触れて解説していきますので、まずはざっくりとＥＶとはどんな車か、特徴を把握してください。

私は２０２０年から、YouTubeチャンネル『ＥＶネイティブ【日本一わかりやすい電気自動車チャンネル】』を運営し、ウェブメディア上でＥＶに関連した情報発信を積極的に行っています。

YouTubeはすでにチャンネル登録者数が約5万人。ＥＶというニッチな分野であるにもかかわらず、この短期間でチャンネル登録者数が増え続けていることからも、ＥＶという

カテゴリーが注目を集めていることを、日々実感しています。

現在私は、日産のリーフとテスラのモデルYという2台のEVを所有しながら、EVオーナーとしての実際の運用方法であったり、世界のEV関連の最新情報を毎日YouTubeなどを通して発信しています。

また、日本国内で発売されているほとんどのEVに試乗し、高速道路上を1000km走破するのにどれほどの時間を要するのかを検証する弊動画チャンネルの名物企画「1000kmチャレンジ」などを中心に、EVの性能を定量的に検証していたりもします。この検証結果は本書でもご紹介していきます。

ちなみに私は、免許を取得してから基本的にはEVしか所有したことがありません。そこから「EVネイティブ」と自称しているわけですが、このEVネイティブという立場から見える世界は、内燃機関車を乗ってきた皆さんとは見ている世界が正反対です。

例えば、多くのEVに採用されている完全停止まで加減速を自在にコントロールする通称ワンペダル機能は、いままで内燃機関車を乗りつづけてきた方にとっては非常に新鮮に感じるかもしれませんが、私にとっては普通です。一方、私が内燃機関車を運転する際には、クリープ現象やアクセルペダルから足を離しても減速してくれないことに驚きます。EVではありえない異常な挙動として恐怖を感じることすらあります。

また、静粛性の極めて高いEVに慣れていると、内燃機関車のエンジンが発するエンジン音や振動には違和感を感じます。

しかし、現在のEVシフトが進行すると、今後数年で私のようなEVネイティブが一気に誕生する可能性があり、私のような価値観を持つものがどんどん増えてくる、EVが当たり前という世界が加速度をつけてやってくることになるわけです。

自動車メーカーもこれまでの内燃機関車の延長線上ではなく、EVとして一から設計開発を行い、EVでしか体験することができない付加価値を訴求することができなければ、EVネイティブたちに見向きもされなくなってしまうでしょう。だからこそ世界では、これまでの自動車メーカーとは異なる、EVならではの付加価値を提供する、EVスタートアップが次々と誕生し始めているのです。

このままEVシフトが加速して、内燃機関車よりもEVがメインの乗り物になった時、自動車大国ニッポンは、果たしてEV大国ニッポンになることができるでしょうか。ある調査機関によれば、このままでは2040年には、世界のトヨタの販売台数が3分の1近くにまで減ってしまうという予測が立てられてもいるのです。

現在、自動車産業は100年に1度といわれる大きな変革期を迎えています。「CASE」というワードに象徴される4つの変革、Cのコネクティッド（車内ネット環境・車載システムアップデート）、Aのオートノマス（自動運転）、Sのシェアリング（カーシェアリング）、Eのエレクトリック（電動化）の各分野で新たな開発が始まっています。

本書ではその4つの変革の中でもEの電動化、すなわち電気自動車について取り上げます。世界の主要国におけるEVの普及動向を紹介しながら、日本の電動化がどれほど遅れてしまっているのか。車を生産する力、そしてEVには欠かせないバッテリーやモーターを生産する力も有しているのに、なぜ日本がＥＶで世界から遅れを取ってしまっているのか、を考察していきます。

　そしてＥＶを語る上で欠かせないのが充電インフラです。実はいま、世界ではこの充電インフラの規格を巡って世界的な規格戦争が勃発しています。充電規格は日本が「チャデモ」という規格を世界に先駆けて開発したのですが、いま、チャデモは規格戦争において敗北寸前です。この充電規格戦争に敗北すると、日本のＥＶ普及に大きなブレーキがかかってしまうという驚きの予測まで含めて、ＥＶにおいて重要な要素である充電とその問題点についてを一から徹底的に解説していきます。

　そして、世界に先駆けてチャデモという充電インフラを開発したのと同様、実は日本は世界で初めてＥＶの量産に成功した国でもありました。２００９年に三菱のアイ・ミーブ、２０１０年に日産のリーフなどのＥＶを世界で初めて発売し、「ＥＶのパイオニア」としていま頃は世界のＥＶ競争をリードしているはずだったのです。しかし現状のＥＶ化率は、冒頭で申し上げた通り、世界の主要先進国と比較しても最低レベルに低迷してＥＶ後進国に成り下がり、世界から取り残された「ＥＶガラパゴス」状態と化してしまっているのです。

本書では、世界と日本を取り巻くＥＶ事情を様々な角度から俯瞰《ふかん》しながら、なぜ日本がＥＶというカテゴリーで世界から大きく遅れを取ってしまっているのか。携帯電話や家電製品がたどった道と同じようにガラパゴス化してしまっている日本のＥＶ市場の現状と、そのＥＶガラパゴス脱却に必要な提言もあわせて考察してみたいと思います。

そして本書の最終章では、ＥＶの購入を真剣に検討している方のために、私のオススメＥＶを一挙にご紹介していきます。

これまで日本で発売したほとんどのＥＶを乗ってきた私が、このＥＶはどんな方にオススメできて、逆にどんな方にはオススメできないのか、などを実体験をもとに率直にお伝えいたします。日本では未発売ながら極めて質の高い海外のＥＶも、気になる日本導入時期や買い時などを含めて解説します。

ＥＶは、内燃機関車のように車単体の性能やデザイン性だけを検討すればよい、というわけにはいきません。ＥＶに乗る環境や運用の仕方で選ぶ車種も変わってきます。今後ＥＶを購入する上で、どのような視点で購入を検討すればよいのかを知りたいという方にも、本書をお手にとっていただく価値があるはずです。

※本書に記載されているデータは、すべて２０２２年末のものです。最新のデータは、ご自身でご確認ください。

第1章

世界で進む爆速のEVシフト

ドイツ御三家に走った激震

2020年の初頭、ドイツ御三家と呼ばれている、メルセデス・ベンツ、BMW、そしてアウディという名門自動車メーカーに、そろって激震が走りました。

2019年、アメリカ国内のプレミアムセダンセグメントにおいて、これまで圧倒的なシェア率を誇っていたドイツ御三家のプレミアムセダンであるメルセデス・ベンツのCクラスやEクラス、BMWの2シリーズ、3シリーズ、4シリーズ、5シリーズ、そしてアウディのA3、A4、A5、A6という全ての車種が、たった1台の車の販売台数に完敗してしまったのです。

その車こそ、実業家のイーロン・マスク率いるアメリカのEV車メーカー、テスラのミッドサイズセダンEV、モデル3でした。

アメリカのEV関連メディアであるClean Technicaの集計によれば、2019年におけるドイツ御三家のプレミアムセダントップに君臨したのがメルセデス・ベンツのCクラスで

欧米でドイツ御三家を圧倒したテスラのモデル3。

あり、年間の販売台数がおよそ5万台弱。それに対してテスラモデル3は15万台以上と、トリプルスコアをつけての圧勝でした。

　車種単体ではなく、プレミアムセダンセグメントにおけるメーカー別の年間の販売台数の比較に目を向けても、2位はBMWの2、3、4、5シリーズを合計して11万3000台程度の販売。そのBMWを抑えてトップに君臨したのが、15万台以上販売したテスラモデル3でした。

　もちろんモデル3は複数の車種の合計数ではなく、モデル3単体でトップに君臨していますから、いかにモデル3が圧倒的な販売台数を叩き出したのかがおわかりいただけると思います。ドイツ御三家の主要マーケットであったアメリカのプレミアムセダンマーケットが、2017年にモデル3というEVが発売されるや否や、ものの2年程度でシェアをひっくり返され、完全に制圧されてしまったのです。

そしてお膝元のヨーロッパでも

そして2年後の2022年、ドイツ御三家にまたもや激震が走るデータが公開されました。今度はテスラのお膝元アメリカではなく、ドイツ御三家のお膝元であるヨーロッパの主要25カ国における2021年の自動車販売台数のランキングです。

2021年にヨーロッパで人気のあったトップ25車種の自動車ランキングでは、第25位にランクインしてきたのが、販売台数11万6250台のBMWの3シリーズでした。現在は世界的にスポーツやレジャーに適した車、SUV（スポーツ・ユーティリティ・ビークル）全盛の時代ですが、それでもなおミッドサイズ級のセダンである3シリーズが堅実な販売台数を達成していることがわかります。

しかしこの年、ヨーロッパで一番人気のミッドサイズセダンは、BMWの3シリーズではありませんでした。なんとテスラモデル3が、およそ2万5000台多い14万1429台で販売台数第17位にランクイン。2021年にヨーロッパ全体で最も売れたミッドサイズセダンは、ドイツ御三家の車ではなく、EVのテスラモデル3だったのです。

アメリカで完全敗北を喫してから早2年。ドイツ御三家のプレミアムセダンは、今度はお膝元であるヨーロッパでもモデル3に販売台数で完敗してしまったのです。

SUVセグメントも風前の灯火

皆さんもご存じのように、これまでセダンといえば、ドイツ御三家の高級ガソリン車が世界のどのマーケットにおいても不動の地位を確立していました。しかし2017年から発売をスタートしたテスラモデル3というEVの存在によって、発売からたった2年でアメリカ市場で完敗し、さらに2年後、ついにドイツ御三家のお膝元であるヨーロッパ市場においても、その販売台数で追い抜かれてしまったという事実から、市場ニーズの変化と世界で爆速で進行するEVシフトのスピードがいかに早いかがおわかりいただけたかと思います。

ようやくそのことに気づいたドイツ御三家は、モデル3の対抗車種として、ミッドサイズセダンというセグメントに、メルセデス・ベンツはEQE、BMWはi4、アウディはe-tron《イートロン》などの競合車種のEVを次々と投入し始めました。

しかしテスラもその生産能力をさらに拡張するために、アメリカとドイツにそれぞれ大規模な車両生産工場「ギガファクトリー」を建設。2022年の3月から操業を開始し、その販売台数をさらに増やしています。少なくともここ数年間という単位で見ると、テスラのモデル3という存在に対抗できる車種が見当たらない、というのが現状なのです。

さらにテスラは、そのドイツの新しいギガファクトリーにおいて、セダンより人気の高いSUVタイプの新型車、モデルYの生産を開始しました。

このモデルYの生産体制が順調に拡大していった場合、今度は何が起きるでしょうか。

セダンセグメントで起こったモデル3によるドイツ御三家のシェア奪取という流れが、今度はSUVセグメントにおいても全く同様に起こる可能性を誰も否定はできないでしょう。

アメリカ市場でモデルYの納車がスタートしたのが、2020年の3月。そしてヨーロッパ市場において納車がスタートしたのが2021年の8月でした。2022年の9月におけるモデルYの販売台数を見てみると、ヨーロッパ全体で2万9367台を達成し、9月で最も売れた自動車に君臨しています。注目すべきはEVというカテゴリーではなく、内燃機関車を含めた全ての自動車の中でトップに君臨しているという事実です。この流れは、アメリカでモデル3の販売台数が急拡大した時と同様、モデルYの快進撃の序章とも言えるのではないでしょうか。

推測ではありますが、発売3年後である2023年ごろには、アメリカでもモデルYの販売台数がドイツ御三家の発売しているSUVの販売台数を抜き去っているかもしれません。

このSUVセグメントは、何といってもドイツ御三家の稼ぎどころです。ここを奪われると、ドイツ御三家は窮地に陥る可能性すらあるのです。ドイツ勢が戦々恐々と危惧している事態が、その急速な販売シェア率の低下を見ると、現在まさに現実になりつつあるのです。

EV先進国、中国

さて次に、お隣中国のEVシフトの現状についてお伝えしていきましょう。実はこの中国こそが、世界で最もEVを売りまくっている、いわばEV先進国なのです。

EV-Volumesによると、2022年9月度までの世界全体でのEVとPHEVを合計した販売台数は、おおよそ681万台。一方、中国市場のみで販売したEVとPHEVの販売台数の合計は、およそ405万台。つまり中国国内で売れたEVとPHEVの販売台数だけで、世界全体の実に6割近いシェアを占めているのです。このことからも、EVシフトの真の震源地は中国市場である、ということがわかります。

それでは、この中国市場におけるEVシフトの現状を、販売台数の最新動向、および人気のＥＶなどを交えながら詳しく見ていきましょう。

執筆時点で最新の２０２２年10月度までの新車販売全体に占めるＥＶのシェア率はというと、実に22％。中国で売られている全ての自動車のうち、５台に１台以上はＥＶに置き換わっています。

我々日本市場のＥＶシェア率が１％程度に留まっているという現状と比較していただければ、中国がＥＶシフトでいかにリードしているのかが一目瞭然です。

中国とひと口に言っても、都市部と山間部ではＥＶシフトのスピードに大きな差があるわけですが、ＥＶシフトのスピードが急上昇している大都市圏の上海に目を向けてみると、２０２２年度の上半期におけるＮＥＶ（中国で一般的に使用される括りで、ＥＶ・ＰＨＥＶ・水素燃料電池車〈ＦＣＥＶ〉の合計を示す）シェア率が、脅威の45・１％を記録しています。つまり、中国上海で売れた全ての自動車のうち、半数近くがＥＶやＰＨＥＶであったとイメージしていただければ、もはや上海ではＮＥＶを購入することが一般的になりつつある、ということがおわかりいただけると思います。

中国全体でＥＶ販売がこれほどまでに急速に伸びている理由は大きくふたつあります。国家主導でＥＶの普及を大々的に進めているということと、極めて魅力的なＥＶを開発する新興メーカーが急成長しているということです。

１点目の国家主導でのＥＶ普及推進についてですが、中国ではＥＶを購入する際の補助金や税制優遇措置を強力に推進しています。ＥＶ購入補助金は２０２２年末まで30万元以下（約６００万円）の車両に対して、概ね１万元強ほど（約20万円強）支給されますが、それ以上に大きいのが中国国内で自動車を購入する場合の免税措置で、自動車の購入税として10％かかるところ、ＮＥＶ購入の場合は免除されるのです。この免税措置は、当初２０２２年で打ち切り予定だったのですが、Covid-19による経済の落ち込みに対する刺激策として、２０２３年末まで延長することが決まっています。

もっとも中国では、経済刺激策として２０２２年6月から年末にかけて、通常の内燃機関車を購入する場合でも排気量が２０００cc以下、車両金額が30万元以下という諸条件下で、この購入税を半額にするという優遇措置を実施していました。２０２２年後半はＥＶ

だけが優遇されていたわけではなかったのですが、それにもかかわらず、２０２２年後半にＥＶのシェア率がさらに伸びていったということは、免税措置だけではない何か別の理由で中国の人々がＥＶを選択しているということになります。

その理由が２点目の、続々と発売される魅力的なＥＶの存在です。

例えばフォルクスワーゲンの世界戦略車であるＥＶ、ＩＤ．４《アイディーフォー》は中国国内でも月間数千台という一定の販売台数を売り上げているわけですが、そのＩＤ．４を優に上回る圧倒的な販売台数を誇る魅力的なＥＶが中国国内では多数販売されています。そしてそれらの魅力的なＥＶを販売しているのは既存の自動車メーカーではなく、中国現地で続々と立ち上がった新興ＥＶメーカーなのです。

躍動する中国の新興ＥＶメーカー

中国新興ＥＶメーカーとして最初にご紹介したいのが、２０１４年に立ち上がったＮＩ《ニ》Ｏ《オ》です。創業してたったの４年後の２０１８年には初の大型ＳＵＶであるＥＳ８を発売し、

2022年末時点で6車種ものEVをラインナップ、高級EVメーカーとして認知されています。年間100万台ものEVを生産可能な巨大な車両生産工場を建設して、すでに車両の量産もスタートしています。

特筆すべきは、独自の急速充電ステーションやバッテリー交換ステーションの設置を開始し、2022年12月時点ですでに中国全土に1250か所以上という大規模なEVインフラを構築していることです。数分間のバッテリー交換作業だけで満充電状態に復活させるサービスや、発電機搭載の車両を呼び出して、充電ステーションに行かずとも充電できるサービスも提供するなど、内燃機関車と同等の利便性を担保しています。

またNIO House《ニオハウス》と呼ばれるオーナー限定のコミュニティの場では、カフェやコワーキングスペース、キッズスペースなどを併設し、NIO専用のアプリ内に独自のSNS機能を設けることによって、NIO HouseとNIOアプリでオンラインでもオフラインでもオーナー同士の交流ができるように配慮しています。既存の高級車メーカーがこれまで提供できなかった新たな価値を提供することで、NIOは中国国内の高級車メーカーとしてトップクラスのＥＶ販売台数を達成しているのです。

もうひとつの注目メーカーがＢＹＤ《ビーワイディー》です。こちらはスタートアップではなく、元々は１９９５年にバッテリーメーカーとして創業され、２００３年には自動車メーカーを買収して自動車事業にも着手。バッテリーメーカーの強みを活かして早期からＥＶの研究開発に取り組み２０２２年３月、内燃機関車の生産を終了してＮＥＶに注力する方針を表明しました。

２０２２年11月までのＮＥＶ販売台数は１６２万台以上で、現在中国を飛び越えて世界最大のＮＥＶメーカーに君臨するほどの急成長を遂げています。

ＢＹＤの最大の強みは、自社でバッテリーを内製し、大量生産することができるという点です。詳細は後述いたしますが、ＢＹＤの最新のバッテリーセルであるBlade《ブレード》 Battery《バッテリー》を、乗用車だけではなくバスなどの商用車を含めたほとんどの車種に採用することによって量産コストを低減させ、安定的に安価に供給できるＬＦＰと呼ばれる種類のバッテリーを採用し、急成長をしました。

現在BYDは、トヨタと中国で合弁会社を立ち上げて、EVに関する共同開発を行っており、トヨタは中国専用EVとしてbZ3《ビーズイースリー》という中型セダンの発売をスタートしています。BYD製のLFP系バッテリーやモーターなどを搭載していることによって、bZ3は電費性能が中国市場で発売されている競合EVのセダンと比較しても非常に優れています。

BYDは日本市場への参入も表明しており、2023年中にも合計3車種のEVを発売する方針を発表しています。すでにATTO 3《アットスリー》は440万円とEVとしては安価で発売されており、第6章の2023年オススメEVでも取り上げるDOLPHIN《ドルフィン》というコンパクトサイズのEVは、比較的コンパクトなサイズ感と、EVとしての実用的なスペック、手の届きそうな価格を兼ね備えていることによって、日本でも注目するべき存在となるでしょう。BYDは2025年までに日本国内に合計して100店舗以上もの販売ディーラーを設置していく方針も表明しています。

中国市場は今や、世界全体のEV販売の6割弱を支配するEVマーケットの中心です。中国政府主導によるEV普及促進のための税制優遇措置の強力な推進と、台頭した中国新

中国新興メーカー・BYDは2023年に日本に３台のEVを投入する。中央がATTO3。右が注目のDOLPHIN。

興ＥＶメーカーの極めて魅力的なＥＶの登場という官民一体のＥＶ推進によって、世界一のＥＶ大国になっています。

そして、その急速に力をつけてきている中国ＥＶメーカー勢が、自動車王国である我々日本市場に、まさにこれから進出すべく虎視《こし》眈々《たんたん》と牙を研いでいるところなのです。

ＥＶ普及につながったバッテリーの改善

このように欧米や中国をはじめ、世界で急速にＥＶシフトが進んでいる背景には、ＥＶの心臓部であるバッテリーの性能の大幅な改善があります。

前述したように、ＥＶは搭載されたバッテリーに充電された電気のみを使用して走行します。そのＥＶの最も大きな懸念として「バッテリーの持ち」、特に低温環境下におけるバッテリー性能の悪化が指摘されることがあります。

ご自身のスマートフォンをイメージしてみてください。ＥＶに搭載されているバッテリーとスマートフォンに搭載されているバッテリーは、実は全く同じリチウムイオンバッテリーです。冬の雪山でスキーをしていて、気づいたらスマートフォンのバッテリーが切れてしまっていた、なんていう経験をされた方もいらっしゃるのではないでしょうか。

これはリチウムイオンバッテリーの特性上、バッテリー温度が低温状態になると、バッテリーの働きが鈍くなってバッテリー電圧が低下してしまい、使用可能なバッテリー容量が減少してしまうために起こる現象です。

つまりＥＶ用のバッテリーも同様に、寒冷地ではバッテリー容量が減ってしまい、ＥＶを寒冷地で実用的に運用することは難しいのではないか、という不安を想起させているのです。

しかし冒頭でご紹介したように、その寒冷地の代表ともいえる北欧のノルウェーでは、新車販売全体に占めるＥＶの販売割合が、２０２２年1年間で８割に達する勢いとなっています。毎月ノルウェーで売れる新車の10台に８台程度が内燃機関車からＥＶに置き換わっているわけで、同国でのＥＶの凄まじい人気がおわかりいただけると思います。

それにしても、なぜ寒さに弱いはずのＥＶが、寒さの厳しいノルウェーで売れまくっているのでしょうか。ノルウェーでの目覚ましいＥＶ普及率の理由は様々あるのですが、ここでは現在発売されているＥＶが、低温環境下でのバッテリー性能低下という弱点を大きく改善している現状についてお伝えします。

現在発売されているＥＶの多くには、バッテリー温度管理機構と呼ばれる機構が採用されています。水冷式の場合は、バッテリーパック内に液体が通る管を張り巡らせ、その液体を冷やしたり温めたりすることによって、バッテリーパックが高温の場合は冷却、低温の場合は加熱をして温めます。冷媒式の場合は、熱伝導性の高い金属板を通して、エアコン冷媒によって温度管理を行います。

つまり寒冷地でバッテリーが低温状態でも、バッテリー温度管理機構でバッテリーパック全体を加熱して、バッテリーの温度を通常の温度にまで昇温し、バッテリー性能の低下を防ぐことができるのです。リチウムイオンバッテリーの低温による性能悪化は不可逆的なものではなく、バッテリーの温度が最適な状態にまで昇温されると、ほぼ元通りの性能を発揮することができるようになります。バッテリー温度管理機構を通した昇温機能によって、EVはバッテリー温度を一定に保ち、寒冷地でもバッテリー本来の性能を発揮することができるのです。

私自身、真冬の北海道をバッテリー温度管理機構を搭載したEVで一周し、バッテリー性能をテストしたことがあります。そのEVは車両が停車している状況でもバッテリー温度をモニターして最低限の保温をしていましたし、車両が走行すると自動的にバッテリーの昇温がスタートして、一定の温度をキープしてくれていましたので、厳寒の北海道でも問題なく走行することができました。

回生ブレーキというＥＶ独特の技術

前述したように、ＥＶにはもうひとつ「回生ブレーキ」と呼ばれるＥＶならではの技術があります。アクセルをゆるめると同時に、ブレーキペダルを踏まなくとも「回生ブレーキ」がかかり、減速を始めるのです。

この回生ブレーキにはもうひとつ特徴があります。ガソリン車では、摩擦ブレーキを踏むことによって起こる熱エネルギーを大気中に放出していましたが、ＥＶでは車両が減速する際、モーターによって減速エネルギーを電気エネルギーに変換し、バッテリーに充電することができるのです。ガソリン車では捨てていたエネルギーを、ＥＶでは電気エネルギーとして回収できるのです。

この技術はハイブリッド車も同様に採用されています。ただハイブリッド車はＥＶと比較すると搭載しているバッテリー容量が小さいので、ある程度充電し切ったらそれ以上電気を溜められず大気中に捨てなければなりません。回生ブレーキの変換効率性はＥＶには遠く及ばないのです。

ただ回生ブレーキにも弱点はあります。バッテリーの温度が低い場合、回生ブレーキはバッテリーの性能低下によって効率が悪化します。バッテリーの温度によって回生ブレーキの効き具合が違うという現象が起こり、電気への変換効率も変動します。

そういう事態にならないよう、バッテリー温度を昇温して性能低下を防いで回生ブレーキの回生力を一定に保ち、電気への変換効率を向上させてEVの電費性能（ガソリン車でいうところの燃費）の向上にも寄与しています。

このようにバッテリーの温度管理機構は、EVの弱点ともいえる低温環境下においても、より安定した性能を発揮させるのですが、加えてそのほかにも様々なメリットを生み出すことができるのです。

EVのバッテリーは数年で劣化するのか

さて、ここでもう一度、皆さんのスマートフォンをイメージしてください。買ってから

2〜3年程度が経過すると、バッテリーが劣化してしまい、使用可能なバッテリー容量が気づいたら7割程度となってしまっていた、という経験はないでしょうか。

同じようにEV用のバッテリーも、劣化が激しく、途中でバッテリー交換が必要となってくるのでは、という懸念を持つ方がいます。EVのバッテリー交換が必要となると莫大な維持費がのしかかってくるのではないか、というバッテリー劣化問題が、EV購入の大きな心理的ハードルとなっている方も中にはいらっしゃるかもしれません。そしてこのバッテリー劣化問題を解決するのが、バッテリー温度管理機構のもうひとつの重要な役割なのです。

リチウムイオンバッテリーの劣化の原因は、低温状態になること自体が問題なのではありません。低温状態で、短時間に高速に充電する急速充電などの高負荷をかけることによって、バッテリーが大きく劣化してしまうのです。

EVに搭載されているバッテリー温度管理機構は、バッテリーを昇温することで、低温環境下での急速充電などの高負荷によるバッテリー劣化を最小限に留めます。

またリチウムイオンバッテリーは、高温状態で放置すると同様にバッテリーが劣化してしまうのですが、高温の場合は逆に、バッテリー温度管理機構がバッテリーを冷却することによって、そのバッテリー劣化を最小限に留めることができるのです。

アメリカのPlug In Americaが集計した、実際に使用されたＥＶのバッテリー劣化データから、バッテリー温度管理機構が搭載されているテスラのモデルＳと、反対にバッテリー温度管理機構の搭載されていない初代日産リーフの、走行距離に応じたバッテリー劣化率を比較してみましょう。

日産リーフは16万km程度走行した段階で、その平均的なバッテリー劣化率は35%以上。16万kmまでの満充電あたりの航続距離は、米国で採用されているＥＰＡ基準（高速道路を時速１００km程度でクーラーをつけて走行しても達成可能である実用使いにおいて最も信用に値する数値。本書ではＥＰＡ基準を一貫して採用）では１１７kmですが、16万km走行後の満充電あたりの航続距離は、たったの75km程度にまで落ち込んでしまいます。このバッテリーの劣化率を目の当たりにすると、数年後にはバッテリー交換が必須だとＥＶのバッテリー劣化を危惧するのも無理はないかもしれません。

一方、アメリカで日産リーフの約1年遅れで発売をスタートさせたテスラのモデルSは、先ほどの日産リーフよりも明らかにバッテリー劣化率が緩やかです。２０１２年に発売したモデルSの85Ｐというグレードのバッテリー劣化率は、16万km走行後の満充電あたりの航続距離は３８６km程度。新車時の満充電あたりの航続距離が４２６km程度ですので、そのバッテリー劣化率はたったの10％未満です。日産リーフと比較すると、はっきりとバッテリー劣化率を抑制できていることがわかります。その理由は明らかで、テスラのモデルSはバッテリー温度管理機構を搭載し、バッテリー温度を最適に調整しているので、しっかりとバッテリー劣化を抑制することができているのです。

一方の日産リーフはバッテリー温度管理機構を搭載していないため、バッテリー劣化を抑制することができません。バッテリー温度管理機構を採用していないリーフは、急速充電を繰り返したり、夏場に高速走行を行うだけでもバッテリー温度が上昇し、車両側で充電スピードを制限してしまうという挙動も見られます。

ＥＶの利便性においてバッテリー温度機構はきわめて重要です。テスラを率いるイーロン・マスクはモデルＳ開発の際、バッテリー温度管理機構の開発には相当力を入れました。開発が難航したため、複数のエンジニアを解雇するに至ったほどです。このエピソードからも、開発当時からバッテリー温度管理機構の重要性を理解していたイーロン・マスクの先見性がうかがえます。

ＥＶはバッテリーが劣化するので、実用上の耐久性で大きな懸念が残るという一部の指摘は、バッテリー温度管理を適切に行うことができないバッテリー温度管理機構が非搭載のＥＶには該当するものの、バッテリー温度を最適に調整できるバッテリー温度管理機構を搭載するＥＶに対しては、もはや当てはまりません。バッテリーの温度低下による性能低下、およびバッテリー劣化を最小限に留めるためには、このバッテリー温度管理機構の搭載が必須であり、実際、現在発売されているほとんどのＥＶにはすでに搭載されており、ＥＶ普及の大きな要因となっています。

第2章

EV後進国ニッポン

EV先進国の夢はなぜ消えた

第1章でお伝えした通り、現在、欧米中のEV主要先進諸国ではEVの販売台数が急速に拡大しています。新車販売に占めるEVの割合は、最も遅れているアメリカでも5％越え、ヨーロッパ全体でも15％程度、中国ではすでに20％を越えています。中国の新車販売のうち5台に1台以上がEVに置き換わってしまっているわけです。

その一方、我々日本市場はといえば、残念ながらそのEV化率はいまだに1％を突破した程度。しかし2010年台前半のEV黎明期《れいめいき》において、日本は日産が発売したEV、リーフの普及も相まって、むしろEV化率で世界をリードしていたのです。ところが結局2023年までの間には、完全に主要先進諸国のEV化率の後塵《こうじん》を拝してしまいました。

かつてはEV先進国と言われ、世界をリードしていた日本。なぜ世界から2週遅れのEV後進国に凋落《ちょうらく》してしまったのでしょうか。第2章ではその理由と、ニッポンEV市場の現状をお伝えしていきたいと思います。

世界初の量産ＥＶを発売したのは日本メーカー

ところで、皆さんは世界で初めて量産されたＥＶをご存じでしょうか？

１９４７年、実際に発売がスタートした世界初の量産ＥＶの名は「たま電気自動車」。開発したのはプリンス自動車工業（現在の日産自動車の前身）の前身の東京電気自動車でした。世界初の量産ＥＶを開発したのは、我々日本メーカー勢だったのです。

１９４７年に発売された４人乗りのたま電気自動車の初期型は、１９４８年に商工省（現在の経済産業省）が主催した第１回電気自動車性能試験において、航続距離96㎞、最高速度35㎞／ｈという、当時のカタログ値以上の性能を発揮して高い評価を受けました。その後、１９４９年には５人乗りに居住性を高め、航続距離も２００㎞、最高速度も55㎞／ｈにアップさせるなど、ＥＶ性能を向上させました。

たま電気自動車が誕生した時代、日本は終戦直後で物資や食糧だけでなく、深刻な石油不足に見舞われていました。一方、家電製品がまだほとんどなく、工場も破壊されていたため大口の電力需要者も少なく、電力供給が余剰気味であったことを受けて、日本政府がEVの生産を推奨していたのです。

近年になって急速に研究開発が開始されたように見えるEVですが、実は70年以上も前から基礎研究が着実に行われていたのです。

世界初の量産EVたま電気自動車は、戦後の石油不足が解消すると、台頭してきた利便性の高い内燃機関車に席を譲り、EV開発は一旦終了を迎えました。

しかし、たま電気自動車のEVに関する基礎研究をしっかりと継続し、21世紀にEV開発を受け継いだのは、たま電気自動車を開発した企業の後進である日産自動車でした。

2010年、長きにわたるEV研究が実を結び、日産は世界初の本格量産EVと銘打ってリーフを発売しました。グローバルで大々的に展開したリーフは、発売を本格化させた2011年から2014年までの4年間、世界で最も売れたEVに君臨します。

三菱自動車も2009年、リーフよりも一足先に量産EV、アイ・ミーブの発売をスタートするなど、EV黎明期において日本メーカー勢はEVで世界をリードしていました。

世界初の本格量産EVだった日産の初代リーフ（右）。

まさに自動車大国として、次世代車両という分野でも他国を圧倒していたわけです。

ＥＶバッテリーでも世界をリードしていた日本

日本がＥＶ市場をリードしていたのは、自動車メーカーだけではありませんでした。ＥＶ向けの車載バッテリー生産でも当初、圧倒的な存在感を放っていたのです。

ＥＶにおける心臓部は大容量のバッテリーです。ＥＶ量産のためには、この大容量のバッテリーが大量に必要です。バッテリーをいかに高品質に、安価に、そして大量に製造することができるかが、EV生産における最も重要なポイントとなります。そして、このバッテリー生産において頭ひとつ抜けていたのが、パナソニックでした。

例えば、日産のリーフがグローバル販売台数でトップを維持していた2014年、パナソニックはEV用のバッテリー生産量ランキングにおいて、ぶっちぎりのトップに君臨していたのです。パナソニックに続いて第2位だったのが、またしても日本のAESCというメーカーでした。AESCは日産とNECが合弁して立ち上げ、主にリーフ用のバッテリーを生産していたメーカーでした。

つまり2010年台前半ごろまでのEV黎明期において、日本はただ単にEVの販売台数で世界をリードしていただけではなく、EVのコアテクでもあるバッテリーの生産量に関しても、パナソニックを中心とする日本メーカー勢が圧倒的なシェアを確立することができていたのです。まさに、あらゆる面でEV市場をリードしていたのが、我らが日本のメーカーでした。

テスラがターゲットにしたのは日本市場

さて、ここでもうひとつ質問です。現在、世界で最も売れているＥＶをご存じでしょうか？

その車こそ、第1章でも登場したテスラのミッドサイズ級セダン、モデル３です。アメリカ本国では２０１７年の中盤から納車がスタートしたのですが、第1章でも触れた通り、すでにアメリカ本国だけでなく、欧州市場においても人気に火がつき、ドイツ御三家を凌ぐ販売台数を達成。２０２２年現在、世界で最も売れているＥＶに君臨しています。最近は日本でもモデル３を見かけることが増えてきました。

このモデル３は、全幅が１８４９㎜。メルセデス・ベンツのＥクラスと同じくらいの全幅ですので、日本人にとってはやや大きく感じるかもしれません。しかしグローバル基準、特に大型車が多いテスラの本国、アメリカ車の基準からすると、実はかなりコンパクトなサイズなのです。

なぜテスラはモデル３をコンパクトな車に設計してきたのでしょうか。その理由は、グローバルのどのマーケットにおいても扱いやすいサイズにすることによって、世界で最も売れるＥＶを目標としていたからなのです。

以前、イーロン・マスク自身がインタビューで、モデル３をコンパクトなサイズにしたのは日本市場での販売を見据えているからだ、と言及していました。

日本はご存じの通り、集合住宅に住む割合が高く、駐車場が平置きではなく、機械式駐車場である場合も少なくありません。特に都心部の機械式駐車場の場合、その車幅の上限が１８５０㎜程度であることが多く、そうした日本の機械式駐車場に対応するために、モデル３の車幅を１８４９㎜に設定してきた、ということでした。

モデル３が正式にお披露目されたのが、２０１６年の３月でしたので、その車両サイズなどの大枠は、遅くとも２０１４年ごろには確定させていたと推測できます。モデル３の設計開発が行われていた２０１０年台の前半には、モデル３はすでに日本市場にフォーカスして設計されていたわけです。当時はそれだけ日本市場に対するＥＶ販売の期待値が高かったのです。このモデル3の開発秘話からも、当時の日本がEV先進国として、世界から大きな注目を集めていたことがうかがえます。

EV先進国からの転落

順風満帆に見えたEV先進国の日本ですが、転機が訪れたのは2015年のことでした。グローバルにおけるEV販売台数で、日産リーフがトップの座から転落したのです。そのリーフをトップの座から引きずり下ろしたのが、EVスタートアップとして頭角を現していたテスラでした。その当時のテスラ唯一の量産モデルである高級セダン、モデルSの生産が軌道に乗り始め、大衆車価格帯であるリーフの販売台数を抜き去ってしまったのです。これは当時、かなりインパクトのあるニュースとして報じられました。

リーフは2010年末に発売されて以降、目立った進化を遂げることができていませんでした。バッテリー容量をわずかばかり増量することで、より航続距離を伸ばすことには成功していたものの、大掛かりなモデルチェンジまでは手が回らず、フレッシュさがなくなってしまい、グローバル全体での販売台数が下落してしまっていたのです。

リーフの販売が本格化していた２０１１年6月、株主総会において日産は、２０１６年度までのグローバルにおけるＥＶの累計販売台数を１５０万台と途方もない目標を掲げていました。そして、そのような極めてアグレッシブな目標を達成するために、リーフの開発、充電インフラへの投資として、合計５０００億円以上の投資を計画していました。

しかし、リーフを発売してから丸２年が経過した段階でのグローバルの累計販売台数は５万台程度。２０１６年度までに累計販売台数１５０万台の目標には到底届くはずもなく、当時のトップであったカルロス・ゴーンはＥＶ戦略を大きく縮小させる方針を表明。ＥＶのグローバル生産キャパシティ年産50万台という目標を大きく下方修正するために、当初計画していたフランスとポルトガルにおけるバッテリー生産工場設置計画を中止してしまったのです。

ＥＶ先進国日本の中でもＥＶのパイオニアであった日産。リーフを皮切りに大胆なＥＶ戦略によって、世界のＥＶ戦争を大きくリードする意欲はあったものの、肝心のリーフの販売が思うようにいかず、早々にＥＶ戦略を縮小し、方針転換をしてしまいました。日産はリーフに対して商品力アップのための大胆なテコ入れができず、２０１５年には新興ＥＶメーカーのテスラに、しかも１０００万円以上する高級車のモデルＳに販売台数で抜かれてしまったのです。

売却された心臓部分

そして２０１７年、日産はバッテリー事業を所管する子会社であったＡＥＳＣを、中国の民間投資会社であるＧＳＲキャピタルに売却する方針を発表します（現在は中国エンビジョングループ傘下）。

本書において再三お伝えしているようにバッテリーはＥＶの心臓部分です。その心臓部分を内製化するために日産は合弁会社を立ち上げたわけですが、ＥＶの心臓部分を完全に売却してしまうということは、ＥＶに対してコミットする気がないと言っているのと同義ではないでしょうか。

それを裏付けるように、２０１７年に発売されたフルモデルチェンジバージョンの新型リーフは、同じく２０１７年に納車をスタートさせていたテスラのモデル３に、ＥＶとしての完成度で大きく水をあけられていました。

確かにリーフは、バッテリー容量を増量することで、初代と比較すれば航続距離を倍程度に引き伸ばすことに成功してはいましたが、モデル３と比較すると、満充電あたりの航続距離や充電性能、居住性、パフォーマンス性能に至るまで、あらゆる面でモデル３は新型リーフの性能を凌駕していたのです。

この差こそが、日産がＥＶ開発の成長速度を鈍化させたことの結果であり、それを商品であるＥＶで如実に示してしまったわけなのです。

一方テスラは、日産の動きとは対照的に、２０１４年ごろから日本のパナソニックとパートナーシップを締結して、アメリカのネバダ州に大規模なバッテリー生産工場である「ギガファクトリー」の建設をスタートさせていました。モデル３は、そのギガファクトリーで生産された最新のバッテリーセルを搭載し、新型リーフの性能を凌駕したのです。

2017年に発売された日産の２代目リーフ。

このバッテリー事業に対する姿勢ひとつとってみても、なぜテスラのつくるＥＶの性能に、日産が劣ってしまったのかがおわかりいただけるのではないでしょうか。

充電インフラ事業からも撤退

車がガソリンスタンドで燃料を補給するように、ＥＶにはバッテリーに電気を供給する充電インフラが必要です。つまりＥＶの販売を拡大するためには、充電インフラの拡大が必須なのです。

日産も当初、リーフの販売拡大と同時に、短時間で充電できる急速充電インフラをグローバルで拡大させていくために、急速充電器のコストを大幅に引き下げる必要性を感じていました。日産は自分たちで急速充電器の開発・製造を進め、実際に全国の日産ディーラーへ配備を進めていたのですが、EV事業全般の縮小に伴い、この急速充電器関連の事業からは2015年11月に撤退をしてしまいました。

その一方でテスラは、モデルSの発売をスタートさせた2012年から、テスラ独自の急速充電器である「スーパーチャージャー」を開発。アメリカ本国はもちろん、世界各国で地道に設置を続け、現在も世界中で設置数を増やしています。スーパーチャージャーも現在では最新の第4世代のスーパーチャージャーが開発され、日本国内でも続々と設置が進められています。

バッテリーも充電インフラもEVの最重要項目ですが、その両者に対する対照的な姿勢が、かつてEVのパイオニアであった日産と、EV販売台数世界一のメーカーにのし上がったテスラの現在の立ち位置を、はっきりと示しているのではないでしょうか。

一度減速したＥＶシフトを再加速させるのは難しい

ＥＶシフトの動きを急減速してしまった日産ですが、現在、内田誠社長の下、電動化に対して再度アクセルを踏み込んでいく姿勢を表明しています。

日産は２０２２年にＳＵＶタイプのＥＶアリアと軽自動車タイプのＥＶサクラを次々と発売し、リーフに加えて3車種のＥＶをラインナップ。ＥＶのパイオニアとしてのプレゼンスを復活させようとしています。

しかし、復活への道のりは平坦ではありません。日産のＥＶフラグシップモデルとなるアリアは現在、生産が大幅に遅れてしまっている状況です。アリアのワールドプレミアが開催されたのは２０２０年の7月ですが、実際に納車がスタートしたのが、なんと２０２2年の3月。しかも納車は一部のグレードに限定されていました。２０２3年以降にはそれ以外のグレードの納車が順次スタートする予定ですが、お披露目してから納車まで、グレードによっては3年近い期間を要しているのです。

納車が大幅に遅延している原因は様々あると考えられますので一概に断定は難しいものの、その理由のひとつとしてバッテリーの供給の問題が影響しているのではないかと私は睨んでいます。

リーフやサクラとは異なり、アリアは中国のバッテリーメーカーであるＣＡＴＬから調達しています。日産側は公式に納車遅延の理由として発表してはいませんが、バッテリーを外部調達しているため、日産の必要とするバッテリーが思うように確保できていないのではないでしょうか。

なぜなら、納車の遅延はアリアだけの問題であり、かつて日産の合弁会社ＡＥＳＣであった現在のエンビジョンＡＥＳＣからバッテリーを調達しているリーフやサクラは、概ね想定通りのタイムラインで納車することができているからです。アリアだけ納期が大幅に遅延しているのは、バッテリーを外部調達に頼り切ってしまい、安定して調達することができていないことが原因だと推測することができるでしょう。

さらに、今後の生産体制を増強するという観点でも、アリアはバッテリーの供給制限問

日産のEVフラグシップのアリア。納車が遅延している。

題がボトルネックとなるものと考えられます。というのも、調達先であるCATLは現在世界最大のバッテリーメーカーであり、世界中の自動車メーカーから引っ張りだこな状態です。CATL側からすれば、より大量のバッテリーを購入してくれる自動車メーカーに優先してバッテリーを供給したいと考えるのは当然のことです。テスラは中国国内で生産している主力モデル、モデル3とモデルYにCATL製のバッテリーを採用していますが、そのテスラのバッテリーの購入量は年間にして少なく見積もっても50万台分以上。CATLは日産よりも、テスラなどをはじめとするより大型契約を結んだメーカーへの供給を優先するでしょう。

また、高性能な充電性能を持つアリアの発売に合わせて日産は、150kW《キロワット》級の高性能な急速充電器を全国の公共性の高いエリアに設置できるようにパートナーと調整を進めていると表明しました。しかし2023年に突入してもなお、150kW級の急速充電器の設置はいまだに全くといっていいほど進んでいません。実質的には、この150kW級の急速充電器の充電インフラ構築の方針は反故《ほご》にされたと考えて差し支えないでしょう。

なぜ日産は思うように高性能な急速充電器を設置することができなかったのでしょうか。こちらもバッテリーと同様、自分たちで急速充電器を開発・製造することができなくなってしまったために、高性能急速充電器の調達にコストがかさみ、そこへ半導体や原材料不足が追い討ちをかけてコストや納期がシビアとなり、充電ネットワークの整備をコントロールすることが難しくなっているのではないかと考えられます。かつて自社で手がけていた充電器事業を手放してしまったことが、ここにきて響いているのです。日々加速するEVシフトの流れの中で、一度EVシフトを減速してしまうと、再度アクセルを踏み込むためには、かなり高いハードルが待ち構えているのです。

トヨタの電動化戦略は、本当にスゴいのか？

２０２１年末、日本の自動車業界に大きな衝撃を与えるニュースが流れました。あの世界最大の自動車メーカーであるトヨタが、ついにＥＶに本腰を入れるということを発表したのです。

トヨタは、世界初の量産ハイブリッド車であるプリウスを皮切りに、ハイブリッドというカテゴリーで圧倒的な地位を確立し、全方位戦略と自称して、ガソリン車、ハイブリッド車、ＥＶ、プラグインハイブリッド車、そして水素燃料電池車まで、あらゆるパワートレインの開発と商品展開を並行する戦略を採用してきましたが、その中で残念ながらＥＶの商品展開には最も消極的でした。一部の機関投資家やメディアからも、トヨタは全方位戦略と自称しながらも、ＥＶに対しては消極的だと批判されていたのです。

トヨタはそのような世の中の懸念を払拭するためにも、ＥＶに特化した投資概要を発表する必要性に迫られ、２０２１年末に豊田章男社長自らが登壇して、２０３０年までのＥＶ戦略を発表したのです。

それでは、トヨタがどのようなＥＶ戦略を発表したのか、具体的に見ていきましょう。

・２０３０年までにトヨタ・レクサス合計で30車種のＥＶを発売
・２０３０年までにトヨタ・レクサス合計で３５０万台のＥＶを発売
・２０３５年までにレクサスの完全ＥＶ化完了
・２０３０年までに電動化に対して最大８兆円を投資
・２０３０年までに年産２８０GWh《ギガワットアワー》ものバッテリーを確保

以上が、トヨタの「バッテリーＥＶ戦略に関する説明会」において発表された特筆すべきポイントです。

このように見てみると、やれＥＶ30車種であったり、やれ８兆円投資など、極めてインパクトの強い数値が目に飛び込んでくるため、ついに巨人トヨタが本格的にＥＶ市場に参入してきた、と感じる方が多いかもしれません。

しかしながら、このトヨタが発表してきたＥＶ戦略に関する数値をしっかりと分析し、競合メーカー勢と比較しなければ、本当の全容をつかむことはできません。ひとつずつ詳細にその内容を見ていきましょう。

まず第1に「２０３０年までにトヨタ・レクサス合計で30車種のＥＶを発売」という点ですが、例えば日産は、２０３０年までに15車種ものＥＶを発売することをすでに表明しています。トヨタと日産は、グローバル販売台数でおおよそ倍程度の差があることから、トヨタの販売車種が日産の倍であるのは当然です。とすると、実はトヨタの30車種のＥＶ発売というのは、日産の電動化戦略と同じ規模感である、ということになります。

一方、現在既存メーカーの中で最も電動化にシフトしていると定評のあるドイツのフォルクスワーゲングループの電動化戦略を見てみると、２０３０年までになんと70車種もの

ＥＶをラインナップすることを表明しています。

もちろん、車種というカテゴリーがどのような切り口となるのかによって、一概にトヨタの30車種と同列に比較するのは適当ではないものの、少なくとも販売台数ベースで同等のトヨタよりも明らかに展開車種が多いのは明白です。つまりトヨタのＥＶ30車種という数値は、世界基準で比較してみると取り立てて多い数値ではないのです。

第２に、「２０３０年までにトヨタ・レクサス合計で３５０万台のＥＶを発売」という点ですが、こちらもＥＶ30車種と全く同様、絶対値としてはインパクトのある台数ではありますが、例えばフォルクスワーゲングループのＥＶ販売台数予測を見てみると、２０３０年までに全乗用車の販売台数のうち、50％以上をＥＶにリプレイスするとアナウンスしています。フォルクスワーゲングループの乗用車販売台数は概ね１０００万台程度ですから、フォルクスワーゲングループが想定している２０３０年時点でのＥＶ販売台数は５００万台程度ということになります。

するとトヨタの350万台というEV販売台数は、確かに絶対数として見れば多いように感じるものの、ライバルメーカーと比較すると、むしろその販売台数は少ないのです。

2030年時点におけるEV比率を比較してみても、トヨタは30％程度。対するフォルクスワーゲングループは50％と見劣りします。EV販売台数350万台という数字だけを見て、トヨタのEV戦略が極めてアグレッシブだとは言えないのです。

すでにEVに舵を切っている世界の高級ブランド

第3に、「2035年までにレクサスの完全EV化完了」という点ですが、確かに今から10年ちょっとでレクサスから発売される車両が全てEVになってしまうとイメージすれば、これは大きな変化です。しかし、このレクサスが属する世界の高級自動車ブランドを見渡してみれば、各ブランドはそろってEVに舵を切る方針をすでに表明済みなのです。

例えばドイツ御三家であるメルセデス・ベンツは、2030年までにはグローバルで発売する全ての乗用車をEVのみにする用意があることを表明し、そのためのバッテリー生産量を確保する投資概要を発表済みです。

アウディも、親会社のフォルクスワーゲングループの意向に沿う形で、２０２６年以降に発売される新型車は全てＥＶのみ。２０３３年以降については、原則として内燃機関車の販売を完全終了する方針を表明しています。

またＢＭＷは、全てＥＶ化するという流れには懐疑的で水素を活用したモビリティの開発を進めたりしていますが、やはり将来中心に展開していくのはＥＶであり、２０２３年中にも全てのセグメントに最低1車種以上のＥＶをラインナップし、２０３０年までにはグローバル販売の50％以上をＥＶに置き換える方針を表明しています。傘下のロールスロイスについても２０３０年までにＥＶブランドに移行する方針を表明して初のＥＶとなるSPECTRE《スペクター》を発表し、２０２３年中にも納車をスタートする予定です。

韓国の自動車メーカー、ヒョンデの高級車ブランドであるジェネシスは、２０２５年以降に発売される新型モデルは全てＥＶか水素燃料電池車の排気ガスを一切排出しないゼロエミッション車両とし、２０３０年までには既存モデルの内燃機関車の販売を完全に終了することを表明。つまり２０３０年からジェネシスはＥＶ、もしくは水素燃料電池車の専業ブランドとなる方針を表明しています。

ＥＶシフトが加速する中、特にそのペースが早い高級車ブランドは、２０３０年ごろをひとつの目安として、そろってＥＶへの転換を計画しているのです。ＥＶはそもそもの車両パッケージとしてエンジンがないため振動がなく、静粛性に優れています。バッテリーが車両底面に搭載されていることによって車体の重心が非常に低く、より安定し、かつスポーティな走行を楽しめます。まさに高級車メーカーの目指す理想の車をＥＶによって体現することができるのです。

こうしてみると、２０３５年までにレクサスがＥＶしか発売しなくなるという方針は、世界の高級ブランドのＥＶ戦略と比較してみると、取り立てて特筆すべきＥＶ化のタイムラインではありません。むしろ高級ブランドの完全ＥＶ化はもはや避けては通れないので、トヨタグループとしてはその世界の潮流に追随する形で、ＥＶ一辺倒の戦略を遅ればせながら採用してきたというわけなのです。

第4の「2030年までに電動化に対して最大8兆円を投資」を見てみましょう。8兆円という投資規模を漠然と聞くと圧倒的なスケール感でEV戦略が進んでいくと感じるわけですが、この8兆円という投資規模は、あくまでも2030年までのトヨタの「電動車」全体に対する投資総額です。

気をつけていただきたいのは、この「電動車」という言葉です。トヨタをはじめとする日本メーカー勢は、よく電動車という用語を用いてEV戦略を説明するわけですが、電動車＝EVではありません。電動車の定義にはEVだけではなく、プラグインハイブリッド車や水素燃料電池車、そしてトヨタや日本メーカー勢お得意のハイブリッド車も含まれています。つまり8兆円という投資規模というのは、EVに対してのみの投資額ではなく、プラグインハイブリッド車、水素燃料電池車、そしてハイブリッド車に対する投資額全てを合計した総額です。

8兆円の投資額を分解してEVのみに対する投資額を見てみると、その金額はズバリ4

兆円。この金額を生産台数ベースで同格のフォルクスワーゲングループと比較してみると、フォルクスワーゲングループは2021年から2026年までの5年間で、520億ユーロ、日本円に換算しておよそ7・3兆円をEVに対して投資する予定です。

トヨタは2022年から2030年までの9年間で4兆円。フォルクスワーゲングループは2026年までの5年間で7・3兆円。このように比較してみると、フォルクスワーゲングループの投資額が飛び抜けており、トヨタのEVへの投資額が取り立てて多いのかと言われれば、そうでもない、ということがわかります。

最後に第5として、「2030年までに年産280GWhものバッテリーを確保」という点ですが、年産280GWhという数字からトヨタの大規模なバッテリー生産計画を連想されるかもしれません。

しかし例えば日産は、同じく2030年までにグローバルで130GWhというバッテリーを確保する方針を表明しています。先ほどご説明した通り、日産はトヨタの半分程度の車両販売台数ですから、単純計算してみると、トヨタの280GWhというバッテリー調達能力は、日産と同等の調達能力であるということが簡単にわかります。

韓国ヒョンデも、2030年までにグローバルでEV販売台数187万台という目標を達成するために、ズバリ170GWhというバッテリーを確保する方針を表明済みです。ヒョンデの乗用車全体の販売台数がコロナ禍以前の2019年時点で447万台程度、同年のトヨタの販売台数1074万台に対して約半分であったことを勘案すれば、少なくともトヨタよりも乗用車の販売台数に占めるバッテリーの調達量の割合が高いということになります。

特筆すべきはフォルクスワーゲングループで、ヨーロッパ域内に合計6つものバッテリー生産工場を建設する方針を表明し、すでに3つの工場の建設をスタートしています。2030年までにはこの6つの工場で年産240GWhという生産キャパシティを確保することになります。加えて現在、北米市場においてもバッテリー生産工場の建設を計画中です。

さらに中国市場においては、CATLや株式を多く保有するGotion《ゴーション》 High《ハイ》-Tech《テック》などのバッテリーメーカーと更なるバッテリー調達の契約を結ぶことも間違いありません。

圧倒的な規模でバッテリー生産を計画しているフォルクスワーゲングループと比較すると、トヨタが主張しているバッテリーの生産キャパシティは、世界と比較しても特段多いとは言えないのです。

大きなニュースになったトヨタのEV戦略ですが、こうしてひとつひとつじっくり見てみると、世界のEVシフトの中では、取り立てて際立った戦略ではないということがわかります。

2040年、驚きの自動車業界地図

このようにして、かつてEV先進国であった日本は、EV戦争の第一線から後退してしまっているだけでなく、すでに周回遅れ状態となってしまっています。特にEVの販売台数を決定づけるバッテリーの生産体制は、現状の計画が世界と比較しても控えめです。日本国内のメディアに絶賛されたトヨタのバッテリー調達も含めたEV戦略は、世界と比較してみると特に目立った戦略ではないことがおわかりいただけたと思います。

このトヨタに関して、一部の投資会社が驚きの予測を示しています。アメリカの投資銀行であるパイパー・サンドラー社が見立てた2040年時点における自動車メーカーの販売シェア予測によると、2040年にフォルクスワーゲンは、全体のシェアで最多の11％を獲得。台数ベースではおよそ920万台ということで、現時点と比較してもあまり変化しない見込みですが、注意していただきたいのが2035年以降、主要先進諸国では新車はEVしか売ってはいけない時代に突入し始めているという点です。

テスラは2022年時点で140万台程度の販売台数ですが、2040年時点での予測値が800万台以上となり、フォルクスワーゲンに次ぐ世界第2位の自動車メーカーになると予測されているのです。

その一方で、現在1000万台の販売台数を誇るトヨタの販売台数は、なんと半分以下の400万台にまで落ち込むと予測されています。フォルクスワーゲンとトヨタが1000万台というレンジで競っている現在の状況から約20年後、フォルクスワーゲンはなんとか920万台を維持する一方、トヨタは半分以下にまで落ち込み、トヨタに代わってテスラが820万台にまで販売台数を伸ばし、世界のトップメーカーに成り代わるという驚くべき逆転の構図です。

周回遅れのEVシフトによって、将来的に日本の自動車産業が大打撃を被る未来が予測されているという事実は、多くの日本人が知っておくべきなのではないでしょうか。

第3章

チャデモという病

世界初の急速充電規格「チャデモ」

ＥＶが世界的に普及してきた現在、ＥＶ用の急速充電規格が世界で乱立している現状を皆さんはご存じでしょうか。

例えば、２０２２年に発売した日産のアリアやトヨタのｂＺ４Ｘ《ビーズィーフォーエックス》は、日本だけでなく欧米や中国市場においても発売していますが、実はその市場ごとに急速充電の差し込み口の形状が異なっています。

北米市場はＣＣＳタイプ１、欧州市場はＣＣＳタイプ２という似たような形状の急速充電規格を採用している一方、中国市場はＧＢ／Ｔと呼ばれる独自の急速充電規格を採用しています。

そして我々日本市場はといえば、そのどれでもない「チャデモ（CHAdeMO）規格」と呼ばれるさらに別の急速充電規格を採用しており、現在、世界では主にこの４つの異なった急速充電規格がそれぞれの地域で採用されています。

そして注目すべきなのは、その急速充電規格の成り立ちです。世界初のＥＶ用の急速充電規格を開発したのは、実は日本でした。２００９年には世界初となるチャデモ規格の急速充電器が設置されています。

欧米で開発されたＣＣＳ規格や、中国で開発されたＧＢ／Ｔ規格の急速充電器が設置されたのは、どちらも２０１３年ごろです。日本は世界初の量産ＥＶ、三菱アイ・ミーブの発売に合わせて、世界に先駆けること４年も早くチャデモ規格の設置を進めていたのです。

日本はＥＶを世界で初めて世に送り出しただけではなく、同時にチャデモ規格という急速充電規格も世界で初めて開発し、設置していたのです。

乱立する充電規格

世界に先駆けて急速充電規格を展開することに成功した日本は、世界初のグローバル量産ＥＶである日産のリーフとともに、日本国内だけでなく、欧米などの海外マーケットにもチャデモ規格を採用した急速充電器を輸出することにも成功しました。

その当時はリーフと同様、チャデモ規格も名実ともに世界を代表する急速充電規格に君臨していたのです。チャデモ規格が世界の急速充電器の大半を占めていくだろうという楽観論すら存在していました。

しかし、日本が主導する充電規格のプラットフォーム開発を欧米が黙って眺めているわけがありません。チャデモ規格から数年遅れで独自のCCSという急速充電規格の開発に成功し、その時点から欧米市場で新たに設置される急速充電器には、チャデモ規格とCCS規格の両方の充電ケーブルを併設する「デュアルガン方式」を採用し、先行するチャデモ規格に食らいついてきました。このCCS規格の誕生によって、欧米では充電規格の覇権を巡る充電規格戦争が勃発したのです。

EV先進国の中国市場では、中国国内で販売する電気自動車にはGB/T規格を採用しなければならないという法的制約を設けています。中国国内のEVメーカーはもちろん、我々日本メーカーを含めた全ての海外メーカーのEVは例外なくGB/T規格を採用しなければなりません。欧米のようにチャデモ規格とCCS規格が乱立するような状況がないので、急速充電器の整備がしやすい環境を構築しています。中国市場でＥＶの販売台数が圧倒的に多いという前提があるにせよ、実際に現在、世界で設置されている急速充電器の圧倒的マジョリティがＧＢ／Ｔ規格を採用した急速充電器となっているのです。

一歩先をゆくテスラ独自のスーパーチャージャー

さて、実はここまでご紹介した世界の４つの急速充電規格とは全く別に開発された急速充電規格があります。テスラが自社ＥＶのために独自に開発したＴＰＣ（Tesla Proprietary Charging）という規格です。

ＴＰＣ規格はテスラが２０１２年に発売したＥＶ、モデルＳから採用をスタートし、同時にテスラは、このＴＰＣ規格を採用したテスラ独自の急速充電ネットワークである「スーパーチャージャー」の設置を開始します。テスラのお膝元である北米を皮切りに、その後一気にグローバルに展開し、普及させています。もちろん、チャデモ規格が広く普及している日本でもＴＰＣ規格を採用したスーパーチャージャーの設置は行われています。

このＴＰＣ規格の最大の特徴は、ＥＶの急速充電におけるユーザー体験が極めて優れているという点です。その詳細は後述しますが、例えばチャデモ規格の充電ケーブルはかなり太く重いのに対して、ＴＰＣ規格の充電ケーブルは軽量です。さらに充電コネクターの部分が、チャデモ規格やその他の充電規格よりも小さいため、女性や子ども、さらには身体障害者の方であっても扱いやすいのです。

またＴＰＣ規格は急速充電の差し込み口と、自宅充電などに使用する普通充電の差し込み口の形状が全く同じなので、充電口をひとつ用意するだけで完結します。一方、チャデモ規格やＧＢ／Ｔ規格はあくまでも急速充電専用の充電口なので、普通充電向けにさらに別の充電口が必要となります。車体に充電口が複数あることで、充電器や駐車枠の位置関係で充電器を差し込みにくい場合が発生するなど、充電の利便性が悪化するケースもあります。

ちなみにＣＣＳ規格は、急速充電と普通充電の充電口を併用することによって、基本的にはひとつの充電口で対応させることができます。ＴＰＣ規格のシンプルさには及ばない

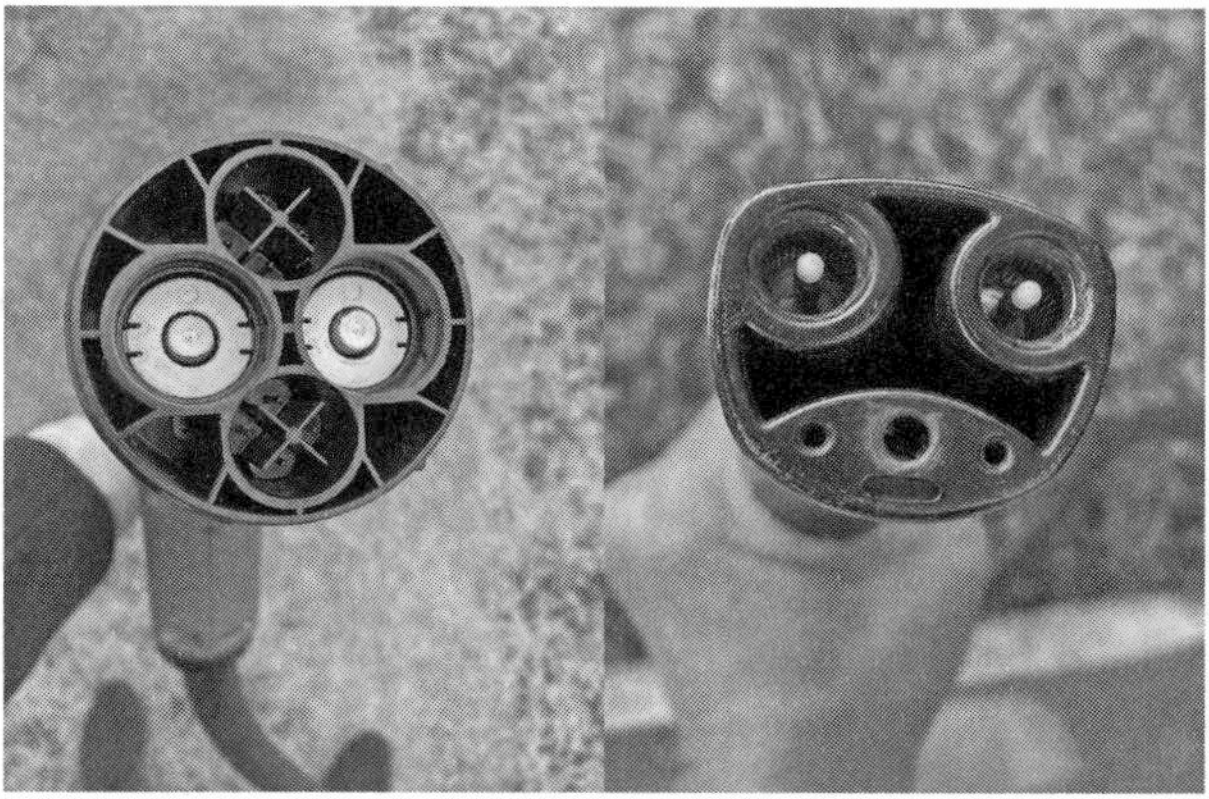

急速充電の差し込み口の形状は規格によって異なっている。左：チャデモ規格　右：TPC規格。

ものの、充電の利便性に配慮した設計になっています。

ＴＰＣ規格は充電の決済方法もシンプルです。ＴＰＣ規格は開発当初からプラグアンドチャージ機能（Plug & Charge）と呼ばれる機能を実装しています。チャデモ規格での一般的な充電決済には、専用の充電カードやパスコードなどが必要ですが、ＴＰＣ規格ではそういったものは一切必要ではありません。車両に充電プラグを差し込むと、その車両情報を自動的に識別して充電がスタートし、あらかじめ車両に紐づけてあるクレジットカードから課金が自動的に完了します。ユーザーは充電プラグを差し込みさえすれば、充電が完了するまで特に何もすることがありません。最近ではCCS規格を採用しているEVが徐々にプラグアンドチャージ機能を実装してきています。

歩み寄るテスラ

このように世界標準の急速充電規格と比較しても、様々な観点から優れている部分が多いテスラ専用の急速充電規格ですが、実は現在、その普及が鈍化してきています。例えば欧州では、2019年以降に納車がスタートしているモデル3から、欧州で普及しているCCSタイプ2規格を車両側の充電ポートに標準装備し、スーパーチャージャーの充電ケーブル側もCCSタイプ2規格に統一を始めています。また中国国内では規制が存在するため、当初からGB/T規格でスーパーチャージャーが設置されています。

つまり、より優れたTPC規格をテスラが放棄して、現地の充電規格に歩み寄るという動きを見せているのです。テスラの目的は充電規格戦争の勝利ではなく、あくまでも現地

ＥＶユーザーの充電体験をトッププライオリティとして捉え、充電規格の乱立ではなく統一という道を選んできているのです。

ただし、お膝元である北米市場に関しては、ＣＣＳ規格の採用を見送って、これまで通りＴＰＣ規格の採用を継続する方針を表明しています。２０２２年末にも、テスラは公式に北米市場でＴＰＣ規格の導入を呼びかけており、その名称をＴＰＣからＮＡＣＳ（North American Charging Standard）に変更してきたくらいです。北米市場でテスラは、他の規格に歩み寄るのではなく、むしろＣＣＳよりも倍の普及率を誇るＴＰＣ改めＮＡＣＳの普及をさらに促進するために、その規格の仕様書を一般に公開し、テスラ以外のＥＶメーカーに対しても小型で高性能なＮＡＣＳ規格への参加を呼びかけています。

どちらの場合にしても、充電規格の統一に歩み寄ることでテスラはテスラ車以外のＥＶに対しても自社のスーパーチャージャーネットワークの開放を進めており、実際すでに欧州では広く開放が進んでいます。

テスラ専用であった充電ネットワークを開放することによって、スーパーチャージャーの稼働率がさらに向上し、テスラ側の充電ビジネスの収益性にも貢献することができますし、これまでテスラに興味のなかったユーザーにも自社のプロダクトを体験させることができ、将来的なユーザーの囲い込みにもつながります。

テスラとしてはスーパーチャージャーネットワークを開放することは、自社のビジネスの更なる拡大という観点でもウェルカムなのです。

充電時間の罠

急速充電器の規格についてお伝えしてきましたが、ここからは充電インフラという視点から急速充電器の普及について見ていきましょう。

グローバルに普及が進んでいる急速充電器ですが、どの市場においても同じような設置方法、同じようなスペックであるのかといえば、実は地域によって様々です。そしてこの充電インフラの質のばらつきこそが、我々日本人がＥＶに対して誤解してしまう最大の要因でもあるのです。

というのも、ひと口にＥＶの充電時間と言っても、どのようなスペックの急速充電器か、そしてどのようなスペックのＥＶかによって充電時間が大きく異なってきます。ガソリンスタンドに行けばどの車でも大体一定時間で給油が終わる内燃機関車とはＥＶが大きく異なる点です。

充電器は大きく普通充電と急速充電に分けられます。

普通充電器は自宅を中心に、ショッピングセンターやホテルなどに設置されており、３kW～10kW程度という低出力で長い時間をかけて充電をします。

日産リーフe＋を例にとれば、搭載バッテリー容量がおおよそ60kWhですから、３kWの充電出力の普通充電器で充電を行うと、実に20時間程度もの充電時間が必要となります。

一方の急速充電器は最低でも20kW程度から、欧米中で導入されている高性能な急速充電器のスタンダードなスペックだと３５０kW以上という充電出力を発揮させることが可能です。リーフe＋を３５０kW級の急速充電器で充電することができれば、理論上は10分程度で満充電状態まで充電を完了させることができてしまいます。

しかし、充電時間を考える上で見落としてはいけないのが、ＥＶ側の受け入れ能力です。例えばリーフe＋は最大でも１００kW程度という充電出力しか許容することができません。仮に３５０kW級の急速充電器で充電を行ったとしても、結局車両側で１００kW程度に制限されてしまい、３５０kW級の出力性能をフルに享受することはできません。

そして充電が進むにつれて、充電スピードは下がっていきます。コップに水を注ぐ場面をイメージしてください。満杯近くまで勢いよく蛇口を開き続けていると、勢い余って水があふれてしまいますね。ＥＶに搭載されているリチウムイオン電池も全く同様に、満充電近くまで勢いよく充電を行ってしまうと、場合によっては電気があふれてしまう可能性があるのです。バッテリーの場合は発火などにつながってしまう危険性があるので、充電残量が多くなっていくにつれて、その分充電出力のスピードを徐々に落としていかなければならないのです。３５０kW級の急速充電器でリーフe＋を充電したとしても、60kWh程度の搭載バッテリーを充電残量80％まで充電するには、概ね45分程度を要してしまいます。

ひと口に急速充電とは言っても、第１に急速充電器側のスペック、そして第２にＥＶ側の受け入れ能力、さらにはそのＥＶに搭載されているリチウムイオンバッテリーの特性などさまざまな要素が絡み合うことによって、充電時間は異なってきます。どれか一つのスペックが優れていたとしても、実際に充電スピードが短縮されることはありません。高性能な急速充電器と高性能な充電性能を有するＥＶ、その両方が合わさって初めて短時間の急速充電が可能となるのです。

残念すぎるチャデモ急速充電器

さて、２０２２年末時点において日本で高性能なチャデモ急速充電器はといえば、最大でも90kW級の急速充電器です。２０２１年までの国内ベストセラーＥＶであった日産リーフの最大の充電性能は１００kW程度。リーフ側の充電スペックを概ねフルで受け入れることのできる急速充電器側のスペックです。従って、リーフの充電性能に合わせて充電インフラ側も90kW級の急速充電器整備を進めていく、と考えるのは自然な流れでした。

しかしながら、その90kW級の設置が順調に進んでいるのかといえば、充電器検索アプリであるGoGoEVによれば、2022年11月時点において全ての急速充電ステーションの合計は8026か所ほど。一方で、90kW級以上に絞って検索をかけてみると、その数はたったの246か所と圧倒的少数です。さらにこの246か所のうち、テスラ車しか利用できないスーパーチャージャー47か所を除くと、チャデモ規格の90kW級以上はたったの199か所に留まってしまいます。しかもこの199か所の中には、アウディやポルシェが独自に設置を進め、その自社EVしか使用できない急速充電ステーションも含まれていることから、誰でも使用可能な90kW級以上の急速充電ステーションは、実に175か所しか存在しません。

2022年10月に日本における急速充電ビジネスへの参入を表明し、2030年までに全国津々浦々に7000か所もの急速充電器を設置するという高い目標を掲げてきているPower X社によれば、100kW級以上の急速充電ステーションの数が日本では15か所しか存在していないのに対して、ドイツ、オランダ、スイス、スウェーデン、デンマーク、イギリスという欧州の一部の国だけでも計8700か所、アメリカでは1万3500か所も

40kW以下の低スペックが多いチャデモの急速充電器。

存在しています。いかに日本という国の急速充電インフラのスペックが低いのかが見て取れると思います。

そしてそれ以上に残念なのは、日本国内の急速充電器のほとんどが40kW級以下の急速充電ステーションだという点です。40kW級の急速充電器でリーフe+を30分間充電すると理論値で20kWh《キロワットアワー》、実際には充電ロスなどを考慮に入れて17kWh程度がいいところですが、こちらを航続距離に換算するとたったの１００km程度しか充電することができません。

さらに残念なのが、全国におよそ１８４０か所ほど存在している20kW級以下の急速充電器を使用した場合、30分充電したとしても理論値で10kWh、実際には8kWh程度で、航続距離に換算するとおよそ50km程度しか充電することができません。30分間充電して50kmの航続距離しか回復できない充電器を「急速」充電器と呼び、そんな低スペックな急速充電器が全体の25%近くを占めてしまっているのが、脆弱《ぜいじゃく》な日本の急速充電インフラの実態なのです。

能力を発揮できない海外の高性能EV

海外マーケットを見渡してみると、2021年時点において最大250kWを超える充電出力を許容できる高性能EVが複数車種投入されています。そのようなEVの充電性能を最大限発揮させるために、スタンダードなスペックが350kW級の急速充電器の配備が欧米では一気に進められています。高性能なEVを多数発売しているからこそ、その高性能EVのために急速充電器側のスペックも引き上げられているわけです。急速充電器のスペックが最大でも90kWに留まっている日本に比べると、欧米中で普及している急速充電器は

韓国ヒョンデのEV、IONIQ5。

桁違いに高性能なのです。

　現在の日本では、このような高性能な急速充電器が普及していないことによる弊害がいくつも発生しています。そのひとつが日本市場特有のスペックのグレードダウンです。

　例えば日本でも発売されている海外製ＥＶ、韓国ヒョンデのIONIQ 5《アイオニックファイブ》という車種は、欧米向けのスペックでは最大２４０kW程度の充電出力に対応することができます。またポルシェのスポーツセダンであるタイカンは欧米向けのスペックで最大２７０kWの充電出力に対応することができます。そのような高性能な急速充電性能にしっかりと対応するために、ヒョンデやポルシェはIONITY《アイオニティー》という充電サービスプロバイダーをアウディやメルセデス・ベンツ、ＢＭＷなどと共同で出資し、３５０kW級の急速充電ネットワークを欧州で普及させています。

そのような高性能なＥＶが、充電インフラの脆弱な日本市場に入ってくるとどうなるでしょうか。タイカンの充電出力は１５０kWに、IONIQ5の充電出力は最大でも80kWにと、日本の充電インフラであるチャデモ規格に合わせて大幅にスペックがグレードダウンされているのです。ＥＶの普及率が低い日本のために充電規格をローカライズするだけでも自動車メーカー側としてはかなりの開発コストです。その性能の低さゆえにＥＶ販売がなかなか盛り上がっていかないので、自動車メーカー側としても日本向けのローカライズにあまり乗り気ではない、というのが本音でしょう。急速充電ネットワークの構築にもコミットしなくなるという悪循環に陥ってしまうわけです。

そのような状況を改善するために、ＰＣＡと名付けられたアウディ、ポルシェ、そしてフォルクスワーゲンのグループが、グループ内のＥＶのみが使用できる独自の急速充電ネットワークを現在構築しています。設置しているのは最大150kW級の急速充電ネットワークで、テスラと並んで国内最速クラスの急速充電ネットワークを実現しようとしているのです。日本特有の脆弱な充電インフラがもたらすEV普及の悪循環を脱するために、自動車メーカーが自ら高性能な急速充電ネットワークを構築し、チャデモ規格にローカライズされても本来の高性能を発揮できるEVを販売しようとしているのです。

充電時間30分制限という大問題

日本で普及しているチャデモ急速充電器が残念なのは、それだけではありません。中でも私が大問題であると感じているのが、1回30分という充電時間の制限です。

そもそもEVの急速充電というのは長距離走行の際に、目的地までに足りない電力量をなるべく短時間で給電するために行う充電方法です。ガソリンの給油と異なり、充電がスタートした後は車両に留まり続ける必要がないため、充電時間をサービスエリアや道の駅などでの食事や買い物などに当てることもできます。確かに給油よりも時間を要するものの、充電時間を有効に活用することで、実質的に時間のロスのない移動を実現することができるのです。

しかし日本では、ほぼ全ての公共の急速充電器に１回の充電時間が30分という制限があります。食事休憩であれば40～50分程度が一般的ですから、１回の充電時間が30分というのはちょっと短すぎるのです。とはいえトイレ休憩だと時間があまりすぎます。この１回30分という充電時間は、ＥＶオーナーにとって活用しづらい長さなのです。

海外の急速充電器の場合、充電残量80％に到達したら自動的に充電がストップするなどという制約は一部存在するものの、基本的には充電時間に制限などはありません。急速充電の時間というのはある程度ユーザーが任意に決めることができるわけです。

さらに問題なのが、30分で給電できる電力の少なさです。

前述した通り、30分で回復できる航続距離は、日産リーフe＋の場合、40kW級の急速充電器を使用すると概ね１００km程度、50kW級の急速充電器を使用しても１２０km程度がいいところです。ポルシェタイカンはリーフよりも電費性能が悪いので30分で回復できる電力量は50kW級を使用しても１００km程度、そして90kW級を使用したとしても２００km分を回復させられるかどうかというレベルです。冬場は電費性能を悪化させる暖房を使用するためもう少し電費性能が悪化してしまい、30分充電しても１６０km程度しか充電することができません。つまり30分間の充電ではとてもではないですが、満足な電力量を回復させることができないのです。

これをガソリンの給油に当てはめると、１回につき10Ｌ～15Ｌ程度しか給油できないのと同じ状況です。高速道路のロングドライブでは、１００km程度走行したらまた給油をしなければなりません。目的地に着くまでに何回も給油が必要となり、到着時間も大幅に遅れます。30分という充電時間の制限は、何回も定期的な充電を強いられ、ロングドライブのネックになっているのです。

１０００kmチャレンジでの検証

航続距離と充電性能というＥＶの質を決定づける要素を総合的に判断するために、私は独自に「1000㎞チャレンジ」という検証を行いYouTubeチャンネルで発信しています。1000㎞チャレンジとはその名の通り、様々なEVで渋滞のない深夜、高速道路を法定速度で巡行し、1000㎞走行するのに要する時間を検証します。

内燃機関車であれば、制限速度内で1000㎞走破するのにかかる時間は車種が変わってもあまり差が出ないでしょう。しかしEVの場合は、車種によって大きな差が出ます。この差が何かと言えば、1000㎞走行している間に充電する充電時間の差です。

例えば軽自動車セグメントのEVである日産サクラの場合、航続距離は120㎞程度、充電性能は30kWしか許容できないために、1000㎞走破させるために要した時間は実に17時間31分！　一方、テスラのモデル3で最も航続距離の長いロングレンジグレードの場合、航続距離は500㎞オーバー、充電性能は最大250kW、そして何と言っても250kWという急速充電性能をフルで発揮することができるスーパーチャージャーというテスラ独自の急速充電ネットワークを使用することができるために、そのタイムは10時間1分。

ポルシェの高性能EV、タイカン。

私が実施した様々なEVの中で最短タイムを記録しただけではなく、サクラと比較すると1000㎞走破するのに7時間30分もの大差がついています。EVとひと口に言っても、EVの性能とその充電インフラも含めた性能差によって、利便性が極端に変わってきてしまうのです。

では海外の高性能EV、ポルシェタイカンでの1000㎞チャレンジの結果はどうだったでしょうか。そのタイムはなんと13時間オーバーでした。ネックになったのはやはり貧弱な日本の充電インフラでした。90kW級の急速充電器でも回復可能な電力量を航続距離に換算するとたいした走行距離にならず、何回も充電が必要になること。加えて前述した通り、海外メーカーのEVは日本独自のチャデモ規格にローカライズする必要がある一方で、最適化まで手が回っておらず、日本の様々なチャデモ急速充電器を完璧に検証することもできていないため、特定の急速充電器でエラーが出てしまって充電することができないという事態が発生します。もしくは充電できたとしても、期待通りの充電量を得られないという一種の互換性問題が発生する場合があります。ポルシェタイカンの場合、この互換性問題に複数回出くわしてしまったことで、期待を大きく下回るタイムに留まってしまったのです。

わかりやすいのがSUVタイプのEVである日産のアリア、トヨタのbZ4X、そしてテスラモデルYの比較です。それぞれタイムが11時間43分、12時間48分、そして10時間41分と、全く同じSUVタイプのEVであるにもかかわらず、それぞれ1時間前後の差がついてしまっているのです。

なぜこれほどまでの差がついてしまったのでしょうか。bZ4Xに関しては、バッテリーの保護のために1日に利用できる急速充電の回数に制限が設けられているため、後半以降一気に充電性能が悪化してしまったことが原因です。

アリアとモデルYは、同じ日の同時刻に全く同じコースで走行したので、充電時間の合計時間の差がそのまま1000㎞の走破タイムの差となって現れています。日産アリアに関しては、そもそも高速道路上にアリアの最大の充電性能である130kW級の急速充電器が存在しないため、90kW級を使用することしかできませんでした。そしてその90kW級の充電器も2台同時にシェアリングしながら急速充電を行うことになったため、最大でも半分の45kW程度の出力に分け合ってしまい、その分だけさらに余分に充電時間を要してしまったのです。アリアというEV自体の問題というよりは、充電インフラ側のスペックがアリアに追いついていないのです。

モデルYは専用のスーパーチャージャーを全て使用したためEVの最大の充電性能を発揮することができました。その差がアリアより1時間ものタイム短縮となって表れたのです。モデルYは別の機会でも検証しているのですが、その時も10時間29分と10分程度の差に留っています。最も大切なポイントは、複数回1000kmを走ったとしてもその走破タイムには大きな差が出ていないところです。言い換えればモデルYは、毎回安定した時間で走行することができるのです。

その一方でアリアをはじめ公共の急速充電ネットワークを使用したEVは、EV性能によって充電のスピードが左右されることに加えて、充電インフラのスペックや互換性問題などによって、前回の検証では11時間で走破できたのに、今回の検証では12時間もかかってしまったなどという事態が起こり得ます。EVオーナーが最も期待するのは、長距離を走行したとしても、毎回同じような時間で走破できる安定性です。1000kmチャレンジの結果からも、チャデモ規格を採用した日本の公共急速充電インフラの安定性がいかに欠如しているかが浮き彫りになったのではないでしょうか。

スーパーチャージャーの圧倒的な充電性能

1000kmチャレンジでは圧倒的に優れたタイムを記録したテスラ車ですが、ではその

1000㎞チャレンジ比較表

車種／測定値	2022 アリア B6 Limited	2022 bZ4X AWD	2022 サクラ G	2022 モデルＹ RWD	2022 モデル３ LR	2020 タイカン 4S
所用時間	11時間43分	12時間48分	17時間31分	10時間29分	10時間１分	13時間10分
平均電費	182Wh／㎞	216Wh／㎞	—Wh／㎞	173Wh／㎞	155Wh／㎞	—Wh／㎞
充電時間	２時間19分	３時間25分	６時間32分	１時間18分	42分	３時間＋
充電回数	４回	６回	16回	４回	３回	５回

作成／高橋 優

決定的な要因となっているテスラ独自の急速充電ネットワーク、スーパーチャジャーの一体どこが優れているのか、その詳細を見ていきましょう。

現在スーパーチャージャーは全世界に設置され、日本国内にも50か所以上設置されています。チャデモ規格を採用した公共の急速充電インフラの約8000か所という設置数と比較すると圧倒的に少ないように思えますが、数だけ多いもののそのほとんどが40kW以下という低スペックな充電出力しか発揮できない名ばかりの公共の急速充電器ネットワークに対して、テスラのスーパーチャージャーはそのほとんどが120kW以上の出力を発揮します。2020年末から新設しているスーパーチャージャーの大半は、最大250kWの高出力を発揮できる最新機種V3を導入しています。日本の公共の急速充電インフラとは、その充電出力のスペックで雲泥の差があるのです。

また1か所の充電ステーションあたりに設置されている充電器の数にも大きな差があります。公共の急速充電器は数だけは多いものの、1か所の充電ステーションあたりに設置されている充電器の数は、ほとんどが1基だけ。充電ステーションに到着した時、すでに

テスラ独自の急速充電ネットワーク、スーパーチャージャー。1か所に4基以上設置されている。

他のEVが充電をしていた場合、前の車の充電が終わるまで待機しなければならない「充電渋滞」が発生します。

しかしテスラのスーパーチャージャーの場合、そのほとんどが各充電ステーションあたり4基以上の充電器が設置されています。よほどのことがない限りは充電待ちに出くわす確率が低く、その充電待ちを回避するためテスラ車のナビ上には、どの急速充電ステーションに今何台が充電している最中であるのかがリアルタイムで表示されます。充電に向かうユーザーにしてみれば、充電ステーションに到着して初めて充電待ちに出くわすのか、それとも事前に充電待ちの可能性を理解して充電ステーションに向かうのかでは、同じ充電渋滞に陥るにしても心理的にかなりの差があるのではないでしょうか。

今度は充電料金に目を向けてみましょう。テスラのスーパーチャージャーは、充電出力の大きさによって4段階の料金設定を行っています。例えば充電出力が181kW以上の場合は1分あたり140円、60kW以下にまで充電出力が低下したら1分あたり25円という値段設定になるなど、充電出力に応じた料金体系を設定しています。速い充電に対してはそれ相応の料金を、充電出力が低下していけば充電単価を引き下げ、テスラ側としては充電器を運用する最低限の金額を徴収しながら、ユーザーにも納得できる料金体系を提示することができています。

一方、現在の公共の急速充電器を運営するe-Mobility Power社の料金設定を見てみると、充電出力に応じた料金体系ではなく、あくまでも充電時間に応じた1分あたりの時間制の課金を採用しています。つまり、一部で設置がスタートしている150kW級の高出力の急速充電器で充電を行った場合と、20kW級の低出力の急速充電器で充電を行った場合の充電料金が全く同じになっているのです。ユーザーにとってはより高出力な急速充電器で短時間に充電した方がお得ですし、逆に低出力の急速充電器で時間をかけて充電すると割高になるため、そんな低出力な急速充電器では誰も充電したがらないでしょう。

また、急速充電器を設置している事業者に対しても、この料金体系はメリットがありません。設置事業者には充電器の利用時間に応じて一律の料金が支払われていますが、その支払われる提携料は急速充電器の場合、一律で1分あたりたったの10・78円。この値段設定では、50kW以上の急速充電器を設置しても、電気料金と保守メンテナンス費用の方が上回ってしまい損をするので、設置者側としては慈善活動でもない限りは50kW以上の急速充電器を設置するメリットがないのです。

つまり現在の公共の急速充電器の料金体系は、ユーザー側にとっては高出力な急速充電器をチョイスした方が圧倒的に割安となるので低出力な急速充電器を利用するメリットがなく、設置者側にとってはその提携料の低さから高出力な急速充電器を設置するメリットがなく、最低限のコストを回収するためには低出力な急速充電器を設置せざるを得ない、というチグハグな状況を生み出しています。そのような事情を背景に、低出力な急速充電器が圧倒的に普及している一方、その相対的なコスパの悪さや充電スピードの遅さという利便性の悪さから、ユーザー側としても利用するメリットがないという負のサイクルに突入してしまっているのです。

しかし、折しも2022年に施行された改正電気事業法に基づく特定計量制度により、充電できた電力量に応じて課金することが可能な従量課金制を導入しやすくなりました。今後はこの従量課金制への移行を推進してもいいですし、テスラが採用しているように充電出力が高い時は金額を高く設定し、充電出力が低下してきたらそれに応じて料金を引き下げる、といった時間制課金と従量制課金のハイブリッドシステムを導入することで、ユーザーにも納得できる料金体系を構築することが可能になります。

ユーザーの立場を理解した利便性

スーパーチャージャーに話を戻しましょう。

前述したように公共の急速充電器では1回30分までという充電時間制限が採用されていますが、スーパーチャージャーには充電時間に制限はありません。お伝えしてきたように充電時間に制限がない方がユーザーにとって利便性が高いのは明白です。

課金方法も極めて合理的です。充電プラグを差し込んだだけで充電がスタートし、充電プラグを外しただけで自動的に充電セッションが終了。あらかじめ車両に紐づけてあるクレジットカードから自動的に充電料金が決済されるプラグアンドチャージ機能が採用されています。

一方、公共の急速充電器はあらかじめ認証のための充電カードを用意しておく必要があり、充電カードを用意していない場合はビジター充電として初期登録画面でクレジットカード情報を登録するなど設定が煩雑です。また多くの充電カードは月額基本料金が発生するので、年に何回か遠出をするが基本的には自宅充電で事足りてしまう、などという方の場合、その年数回の遠出のために毎月数千円の基本料金を支払う必要が出てきます。

プラグアンドチャージ機能に加えてよく考えられているのは、充電が完了した後も放置している車両に対してペナルティの課金をする追加課金システムです。充電完了後も車両が充電器のところにあると、次の車両が充電できなくなります。テスラはその充電放置問題を防止するために、充電終了後5分以上充電ケーブルをつなぎっぱなしにしていると、1分あたり50円、充電器が満車状態の際は1分あたり100円というペナルティを課しています。通常ではEVユーザー個々のモラルに任せっきりになっている問題を、システムによって解決を図っています。

またスーパーチャージャーのケーブルの軽さも大きなポイントです。

日本国内における90kW級以上の急速充電器で採用されている充電ケーブルは空冷式を採用しているために太くて重く、女性や障害者にとっては非常に扱いにくいのです。テスラの最新のスーパーチャージャーは水冷式のケーブルを採用し、充電の際の発熱を抑制するとともにケーブルの軽量化を実現しています。テスラ車はすべて充電ポートの位置が左リアと決まっているので、それにあわせて充電ケーブルを短く設計しています。ケーブルを地面に引きずることもないので、取り回しがいいだけではなく、手を汚すこともなく、ケーブルの故障のリスクも軽減させています。ユーザビリティやメンテナンスという点でも圧倒的に優れているのです。

こうしてスーパーチャージャーと比較すると、日本の公共の急速充電インフラはその充電性能はもちろん、1ステーションでの設置台数、時間制限、課金制度など、利便性の全ての面において大きく遅れをとっていることがわかります。今後、公共の急速充電インフラを整備していく上で、充電の安定性と利便性を担保するために私は以下の要素が重要だと考えています。

・1回30分という充電時間制限の撤廃
・最低でも90kW級、今後の新型EVの性能を考えると150kW級の高出力化
・充電渋滞を防ぐため、1ステーションあたり複数基の急速充電器を設置
・1台の急速充電器を2台で使用する充電出力のシェアリングは、安定性に懸念が残るの

で、利用頻度の高い場所では避ける
・充電カード認証ではなく、充電プラグを差しただけで充電の決済までを完了させるプラグアンドチャージ機能の実装
・充電料金体系を現在の時間制ベースから従量制ベースへの移行
・充電終了後に放置するＥＶに対しては追加課金により充電放置問題に対応
・充電ケーブルの水冷化などによる充電ケーブル、コネクターの軽量化

ユーザーファーストな急速充電インフラ構築に必要なこと

世界から取り残されてすっかりガラパゴス化した日本の急速充電インフラ。ではユーザーファーストな急速充電インフラをどのようにすれば構築できるのでしょうか。結論から申し上げると、自動車メーカーが急速充電インフラの構築にコミットしなければ不可能なのではないかと私は考えています。

現在、公共の急速充電インフラを運営しているe-Mobility Power社は東京電力と中部電力

が中核を担っており、確かにトヨタ・日産・ホンダ・三菱といった自動車メーカーが出資しているものの、その出資比率はほんのわずかです。ＥＶを本気で売りたい自動車メーカーの意見を反映しにくい組織体制であることが、ＥＶユーザーファーストな急速充電ネットワークを構築する上で弊害となっているのかもしれません。

海外に目を移せば、欧州は先ほども触れたIONITYという充電サービスプロバイダーがすでに欧州全土４５０か所程度に最大３５０kW級の超急速充電器を配備済みです。そのIONITYは、アウディ・ポルシェ・ＢＭＷ・メルセデス・フォード・ヒョンデといった自動車メーカーが主体となり、共同で出資しています。韓国国内もヒョンデグループがE-pit《イーピット》と呼ばれる３５０kW級の急速充電ネットワークを整備しています。北米最大の公共の急速充電ネットワークであるElectrify America《エレクトリファイ アメリカ》も、フォルクスワーゲンが中心になって出資しています。

海外の成功事例に目を向けると、自動車メーカーが中心になって出資することで、ＥＶを本気で売りたい自動車メーカーの声に即した充電インフラが構築されることがわかります。そのような利便性の高い急速充電インフラが構築されているからこそ、安心してＥＶで長距離運用することが可能となり、ＥＶの普及率を高めることができるのです。

日本市場も本気でＥＶを売っていくのであれば、自動車メーカーが充電インフラ構築のためにしっかりと出資をして、積極的に関わるべきではないでしょうか。自動車メーカーが主体となって出資を行うことができなければ、ユーザビリティの高い急速充電インフラが構築されるのは、まだまだ先のことになるでしょう。

第4章

バッテリー調達戦争での敗北

バッテリー王国だった日本

ＥＶを大量生産する上で欠かせないのが、バッテリーです。

ＥＶに搭載するバッテリーは、数年前まで圧倒的にシェアを独占していたのは日本勢でした。残念ながら現在は中韓メーカー勢の後塵を拝しています。なぜこのような現状になってしまったのかをお話しする前に、まずはＥＶのバッテリーとはどのようなものなのかをご理解いただきたいと思います。

車に搭載するバッテリーといっても、その大きさは様々です。例えばハイブリッド車の代表格であるトヨタのプリウスには、最大で１・３㎾hという容量のバッテリーが搭載されています。一方、ＥＶの代表格である日産のリーフに搭載されているのは最大60㎾h程度の容量のバッテリーです。航続距離の長いテスラのモデルＳには１００㎾h近い容量のバッテリーが搭載されています。

日本では、バッテリーを搭載している車はひとくくりに電動車と定義されていますが、そのバッテリー容量の内訳を見てみると、ＥＶはハイブリッド車の実に数10倍、車種によっては最大１００倍近い大容量のバッテリーを搭載しています。

つまりＥＶ１台分のバッテリーを生産するためには、ハイブリッド車１００台分のバッテリーを生産する体制が必要なのです。ハイブリット車の生産とはくらべものにならない異次元のバッテリー生産能力を確保しなければ、ＥＶを大量生産することはできません。ＥＶの大量生産をするためには、ただ車両を大量生産するという技術だけではなく、バッテリーの大量生産技術が鍵を握っているのです。

しかし内燃機関車の生産に従事してきた既存の自動車メーカーは、バッテリーの大量生産技術を持っていませんでした。ハイブリッド車の大量生産に成功していた日本メーカー勢も、自社内でバッテリーを生産することはできておらず、バッテリーメーカーからの調達に依存していたため、いざＥＶを生産するとなった際に、これまでとは異なる次元でバッテリーを大量に、かつ安定的に調達する必要性に迫られたのです。

そこで注目を集めることになったのが、バッテリーメーカーです。バッテリーメーカーと組むことで、EVを生産する上ではバッテリー確保において非常に有利にことを進めることができます。

日本にはパナソニック（旧三洋電機）という世界的なバッテリーメーカーがあります。実際にテスラは、2008年ごろに販売した初代ロードスターに日本のパナソニック製（当時の三洋電機）のバッテリーを購入し、三菱のアイ・ミーブは東芝やGSユアサなど日本のバッテリーメーカーから調達していました。

世界初の本格量産EVであるリーフをグローバルに展開する必要のあった日産は、NECと合弁してAESCというバッテリーメーカーを立ち上げました。自動車メーカーがリスクを負って、合弁会社という形でバッテリーメーカーを立ち上げるという前例のない動きを見せたのです。

EV黎明期には、発売されていた多くのEVに日本製のバッテリーが採用されていました。2014年のEV用のバッテリーメーカー別の生産量を見てみると、生産量トップはぶっちぎりでパナソニック、第2位にはリーフ用のバッテリーを生産するAESC、第5

位には三菱のアイ・ミーブやアウトランダーPHEV用のバッテリーを生産するGSユアサがランクインするなど、バッテリーメーカーの生産量ランキングトップ5のうち3社が日本メーカーでした。

EV黎明期には日本製のEVが世界を席巻していただけではなく、EVのコアテクノロジーであるバッテリーに関しても日本メーカー勢が大きなシェアを確立していたのです。

急成長を遂げた中韓バッテリーメーカー

しかし、このバッテリー王国とも呼べる日本メーカー勢の席巻は長くは続きませんでした。そしてその牙城は、現在進行形で崩されています。

2022年1月から7月のバッテリーメーカー別の販売シェア率を見てみましょう。第1位に君臨しているのは中国のCATLというメーカーです。そのシェア率は実に34・7%。世界で売られているEVの実に3台に1台以上の割合でCATL製のバッテリーが搭載されているのです。CATLが創業したのは2011年。たったの10年強という超短期間で、世界で最も車載用バッテリーを生産する世界的な企業に成長したのです。

ＣＡＴＬは現在、すでにトヨタ、日産、ダイハツ、そしてホンダという日本の主要メーカーと契約を交わしています。トヨタは、ＥＶ専用プラットフォームを採用した初の本格ＥＶとなる新型車、bZ4Xの中国向けの車両にＣＡＴＬ製のバッテリーを採用。また日産も、フラグシップＥＶのアリアにＣＡＴＬ製のバッテリーを採用。ホンダはＣＡＴＬの株式を保有することで、さらに強固なパートナーシップを構築し、中国国内限定ＥＶであるe:NS1《イーエヌエスワン》やe:NP1《イーエヌピーワン》を筆頭として、今後中国国内で発売するＥＶについては、このＣＡＴＬ製のバッテリーを広く採用する予定となっています。

販売シェア率第2位は韓国のＬＧエナジーソリューションという企業です。こちらのバッテリーは主に、ドイツのフォルクスワーゲンやアメリカのゼネラルモーターズ、韓国ヒョンデグループの発売するＥＶに広く採用されています。そのシェア率は14・2％。ＣＡＴＬには及ばないものの２０１４年に記録したシェア率ランキングのトップ３を長年維持している堅調なメーカーです。

第3位にランクインしているのが中国のBYDという企業です。このBYD、第1章でも触れたように、実はバッテリーを製造するだけでなく、EVやPHEVの生産も行う自動車メーカーとしての顔もあわせ持ち、自社で完全内製化を図っています。シェア率は12・6％ですが、前年と比較すると200％以上もの成長率を達成し、2位のLGエナジーソリューションに肉薄してきています。

そして、ようやく第4位に食い込んできているのが、日本のパナソニックです。しかしながらそのシェア率は8・7％と上位3社と比較するとやや突き放されています。前年と比較した成長率も、たったの4・9％。バッテリーメーカーの対前年比の平均成長率は76％ですから、明らかな低成長率です。パナソニックの販売シェア率は相対的に低下していますし、すぐ後に付けているSK On《エスケー　オン》やSamsung《サムスン》 SDI《エスディーアイ》がそれぞれ6・6％、5・1％と、パナソニックのシェア率に急速に迫りつつあるということを考慮に入れると、既に第4位の座も怪しくなってきている状況です。

2014年時点では、世界のバッテリーメーカートップ5のうち3社が日本勢であったのに対して、2022年の最新状況では、4位のパナソニックが孤軍奮闘しているのみ。そのパナソニックも年々シェア率が低下し、同時に競合メーカーが急速に成長しているため、トップ5から日本勢が消滅する日が近づいてきています。

ちなみに日産の立ち上げた合弁会社AESCのその後はといえば、すでに日産が株式の大半を中国エンビジョングループに売却してしまったために、現在は中国傘下となっています。日産はいまもなお株式の20％程度を保有し続けてはいるものの、そのシェア率はすでにトップ10圏外です。

現在ではバッテリーメーカートップ10のうち、6社を中国勢が占め、3社が韓国勢、そして日本勢はパナソニックたったの1社。EVの販売シェアの変遷と極めて酷似した状況となってます。

バッテリーの材料・原材料を巡る熾烈な攻防

さて、ここまでお伝えしてきたバッテリーとは、言ってみれば、皆さんが電池と聞いて想像する単三の乾電池のような完成形の電池の話です。バッテリーは実はバッテリーセルと呼ばれる個々の電池が集まって構成されています。そしてバッテリーの安定調達という観点で考えると、このバッテリーセルに使用されている様々な材料――正極材や負極材、プラスとマイナスを隔てるセパレーター、電子の通り道となる電解液など――のシェア率や、その材料を構成する原材料――希少鉱物（レアメタル）などの採掘やその加工というさらに上流工程――におけるシェア率が重要になってきます。

というのも2023年現在、ロシア・ウクライナ戦争や米中冷戦など世界の政情不安が続いており、経済安全保障という観点から自国、もしくは同盟諸国間でのサプライチェーン構築が喫緊の課題となっているからです。

例えばアメリカのバイデン政権はインフレ抑制法の中で、EVの購入に対する税額控除の条件として、次のような制限を設けています。購入するEVがアメリカ国内で生産されていること。バッテリーはアメリカ国内か、自由貿易協定を結んだFTA加盟国内で生産されていること。その原材料の調達先についても、中国やロシアなどからの調達は認めない、などなど。

その法案の影響もあってか、現在アメリカ国内では、新たなEV生産工場や車載用バッテリー生産工場、さらには原材料の採掘事業など、この要件を満たすために各社が米国内にサプライチェーンを回帰してきているのです。バッテリーを生産する工場を単に国内に移管するのではなく、そのバッテリーの材料、原材料レベルに至るまで、自国、もしくは自由貿易協定の範囲の中で、サプライチェーンの完結が求められているわけです。

しかし、リチウムやニッケル、コバルト、グラファイトといった原材料の採掘は、現在どの原材料も特定の国に偏在しています。例えばコバルトはコンゴ共和国に7割ほどが集中していますが、政情の不安定さや児童労働などの問題を孕んでいるために、コンゴのみに頼るというのは非常にリスクが高いというのが実情です。また負極材の原材料として中心的な役割を果たすグラファイトに関しては、なんと8割程度が中国で産出されており、現在では中国依存の状況が続いているのです。

この原材料の偏在という問題が、自国内や同盟国内でのサプライチェーン構築のネックになっているかといえば、実はそうとも限りません。コバルトに関しては現在、この問題をクリアするためにコバルトを使用しない、もしくは使用量を極力減らしたバッテリーの開発が進められています。コバルトフリーバッテリーの代表格でもあるＬＦＰというバッテリーは、中国のバッテリーメーカーが開発競争を繰り広げ、すでに多くのＥＶに導入が進められています。２０２２年までは、このＬＦＰの開発特許の多くを中国企業が有していたために、海外メーカーがＬＦＰを開発・量産することができなかったわけですが、ようやくその主要特許が切れることによって、海外メーカー勢もＬＦＰを採用することができるようになるため、２０２０年代の中盤以降にかけて、さらにＬＦＰのシェアが拡大するものと見込まれています。

また中国に偏在しているグラファイトに関しても、負極材に採用する新たな原材料として、シリコン負極の開発が目下進行中です。例えばテスラやフォルクスワーゲンは、グラファイトの代わりに世界中に埋蔵量が豊富なシリコンをベースとした負極材を採用することによって、原材料偏在の問題を解消しています。同時にシリコン負極の採用によってバッテリーのエネルギー密度を改善することが可能となり、航続距離を延長させるなどEVとしての質の向上も両立させているのです。

一方、原材料の採掘というフェーズは解決しても、その採掘した原材料の加工については、なんとどの原材料についても現在は中国がトップのシェア率を誇っています。ですのでサプライチェーンの回帰という観点で言えば、おそらく最も注力するべきは、この原材料加工のフェーズをいかに脱中国させるかという点になるはずです。これは今後避けては通れない重要な課題であり、逆に言えば、そこに日本勢のビジネスチャンスとなり得る可能性があると捉えることもできます。

またバッテリーセルの構成物である正負極材や電解液、そしてセパレーターという主要4部材に関しては、元々は日本メーカーのお家芸的なフェーズであり、そのどれもが世界シェアのトップクラスを席巻していました。ところが現在、蓋を開けてみると、正極材では住友金属鉱山、負極材では昭和電工マテリアルズ、電解液ではMUアイオニックソリューションズ、そしてセパレーターでは旭化成や東レといった日本勢がまだ第一線でシェア獲得を競っているものの、現状では全ての分野において中国勢が圧倒的なシェアを確立してしまっている状況です。

現在のバッテリー戦争は、ただバッテリーの生産を競っているだけではありません。そのバッテリーに使用される原材料の採掘、加工、バッテリー部材といった、さらに上流工程のフェーズについても、原材料偏在の問題やそのシェアが中国に集中している問題など、バッテリーの安定的かつ大量調達には様々なハードルが待ち構えているのです。

この日本国内のバッテリー産業における危機的な状況に関して、旭化成の名誉フェローである吉野彰氏が警鐘を鳴らしています。吉野氏は2019年、リチウムイオン電池を開発した功績でノーベル化学賞を受賞しており、現在EVで使用されているリチウムイオンバッテリーの父、というべき存在です。その吉野氏が2021年6月、自由民主党主催の通称バッテリー議連の設立総会において、「日本の電池産業は今、崖っぷちに立たされている」と非常に重い言葉で危機感をあらわにしました。

吉野氏の警鐘とは、ここまで解説してきた上流工程を含めたバッテリーの安定的・大量調達に対する懸念です。このバッテリー戦争で海外勢に負けることになれば、安価なEVを大量生産することができなくなるだけではありません。バッテリーのサプライチェーンを海外に頼らざるを得なくなることによって、バッテリーの安定的な調達がままならなくなるのです。このような事態になれば、バッテリー産業だけではなく、EVシフトという大問題が待ち構えている自動車産業にも大きな悪影響を与えてしまうことになり、日本のバッテリー産業が自動車産業と共倒れしてしまう可能性を危惧しているのです。日本社会に与えるインパクトの大きさを理解しているからこそ、吉野氏は「電池産業は崖っぷち」という最大級の表現を用いて日本の政府に対して警告を発したのです。

EV戦争のメインプレーヤー「LFPバッテリー」

前述した通り、現在、車載用バッテリーとして特に中国勢が注力しているのが、LFPという種類のバッテリーです。このLFPというバッテリー、実は様々なアドバンテージを備えています。例えば、主に鉄とリチウムという原材料を使用することで、特定の国や地域に偏在しているニッケルやコバルトなどを一切使用する必要がありません。LFPの主成分である鉄は埋蔵量も豊富なので調達リスクを大きく低減することができます。しかも、鉄は原材料価格を安く抑えることができるため、バッテリーの価格も安く抑えることができます。つまりLFPは安くて大量に生産が可能なバッテリーなのです。

そしてもうひとつ、LFPの大きなアドバンテージとなっているのが、その安全性や耐久性です。海外製のEVではしばしばバッテリーからの発火事故などが報告されていることから、EVに対する懐疑論としてバッテリーの安全性の問題がよく指摘されています。しかしこのLFPは、日産のリーフやテスラ車の多くのグレードで現在採用されているニッケル、コバルト、マンガンを使用した三元系のバッテリーよりも発火のリスクを大きく低減することができます。

そしてバッテリーのもうひとつの問題、劣化に関しても三元系のバッテリーより耐久性が高く、実際すでにLFPを広く採用している中国BYDが自社の電気バスをはじめとする商用車に使用していることからも、耐久性に優れているということがうかがえます。

この安価で大量生産が可能なＬＦＰにも、実は唯一最大の弱点があります。それは、エネルギー密度が低いという点です。

エネルギー密度が低いとはどういうことかと言えば、同じ重さのバッテリーを搭載したとしても走行できる航続距離が短くなってしまいます。同じ航続距離を走らせるためには倍近い量のバッテリーを搭載せざるを得なくなるため、バッテリー重量や体積が大幅に増加し、車内スペースや車両重量に悪影響を及ぼしてしまうのです。

そこでこの弱点を補うために、ＬＦＰの開発に注力している中国メーカー勢はバッテリーの搭載方法の改善を行いました。従来、バッテリーをＥＶに搭載するためには、バッテリーセルひとつひとつをいくつか集めてモジュールという集合体を構成し、そのモジュールをいくつか集めてＥＶの床下に搭載するバッテリーパックを構成します。しかしそのモジュールという中間単位を構成せずに、バッテリーセルから直接バッテリーパックを構成するセルトゥパックと名付けられた搭載方法を採用することによって、モジュールを構成しない分だけより多くのセルをパック内に詰め込むことを可能にしたのです。セル自体のエネルギー密度は低いもののパック全体のエネルギー密度を高めることができ、三元系のバッテリーと比較しても遜色のないエネルギー密度を達成することに成功し始めています。

このＬＦＰのアドバンテージを全面に押し出して登場したのが、中国ＢＹＤが送り出すＥＶです。日本でも２０２３年中旬に発売されるコンパクトカーサイズのＥＶ、DOLPHINは、日本国内でも補助金を含めると３００万円程度から購入できてしまうという圧倒的なコストパフォーマンスを達成する見込みです。この圧倒的なコスパの高さを実現可能にしているのが、安価に生産可能なＬＦＰの存在なのです。

また、中国ＣＡＴＬを中心として開発が進められているのが、ＬＦＭＰと呼ばれるＬＦＰの改良バージョンです。ＬＦＰをベースとしながらも、動作電圧を上昇させることが可能なマンガンを添加することによって、ＬＦＰの弱点でもあったエネルギー密度をさらに向上させています。同時にＬＦＰの強みでもあった安全性や低コストという部分もＬＦＰ並みに維持することができているのです。

ＣＡＴＬはリチウムイオンバッテリーに代わる安価で安定調達が可能な新たなバッテリ

ーの開発も同時並行で進めています。最も期待されているのがナトリウムイオンバッテリーです。希少鉱物であるリチウムに代わって豊富に埋蔵されているナトリウムを使用するために、偏在による地政学上のリスクを大きく低減することができます。ＬＦＰと同様に耐久性に優れており、ＣＡＴＬは１００万マイル（１６０万㎞）以上耐用できると説明しています。急速充電性能をさらに引き上げ、充電残量80％までの充電を15分で完了させることも可能となります。

ナトリウムイオンバッテリーの唯一の弱点が、ＬＦＰと同様エネルギー密度が低いことによって航続距離を稼ぐことが難しいという点です。しかし急速充電性能が高いというメリットを活かして、航続距離は２００㎞しかないが15分で充電を完了、という具合に小気味よく充電を行えば、航続距離が長いＥＶと同じように長距離を走破することもできるでしょう。数年後にはナトリウムイオンバッテリーも最新のＬＦＰと同等レベルのエネルギー密度を達成できる見込みです。２０２３年中には早くも量産スタート予定とのことですので、その開発のスピード感には目を見張ります。ＣＡＴＬを中心とした中国勢メーカーはＬＦＰだけではなく、その改良バージョンの開発を爆速で行っているのです。

その一方、国内では、トヨタとパナソニックの合弁会社で車載用のバッテリー開発・生産を手掛けるプライム・プラネット・エナジー＆ソリューションズ（ＰＰＥＳ）が、ＬＦＰの開発には基本的に取り組まないという方針を発表しました。中韓の主要なバッテリーメーカー勢がそろって取り組んでいる次世代の主流と見込まれているＬＦＰバッテリー開発を行わず、あくまでもコスト低減による競争力強化を目指すというのです。このちょっと的を外した方針に首を傾げたくなるのは私だけでしょうか。

またＰＰＥＳの社長である好田氏はインタビューにおいて「私たちはまだ電動化の出口としてＨＶかＥＶかわからない」「自動車メーカーの方向性がはっきりするのは24、25年ごろ」などとのんびりとした発言をしています。好田氏には、爆速で進む世界のＥＶシフトの現状や、その中でシェアを急速に落としている日本メーカー勢の窮状が見えていないのでしょうか。日本メーカー勢がＬＦＰを筆頭とする安価な次世代バッテリーの開発競争についていくことができるのだろうか、と非常に心配になるのは私だけでしょうか。

第5章

日本人が知らないEV王者テスラ成功の秘密

成長のターニングポイントとなったモデル3

本章では、自動車メーカーの中で最も優れたEVを開発し、世界で最もEV販売台数の多いテスラについて、日本人が知らないその成功の要因をご紹介していきます。

現在世界で一番売れているEV、テスラのモデル3が、発売以来たったの数年間で欧米のプレミアムセダンマーケットにおいてドイツ御三家を抜き去り、制圧してしまったことは第1章でお伝えした通りです。

モデル3は、発表当時モデルSとモデルXという高級車価格帯の車種しか販売していなかったテスラの中で、3万5000ドルという一般庶民にも手がとどく価格設定をした初のEVでした。その価格が功を奏して、モデル3のワールドプレミアが開催されてからすぐに、数十万台という予約注文を獲得するほど、世界中の注目を集めたのです。

そして2017年の7月28日、アメリカ本国でモデル3の納車が開始されたのですが、実はその7月を含めた2017年第3四半期の生産台数は、たったの260台でした。つまり、全くといっていいほどモデル3を生産することができていなかったのです。

テスラのCEOであるイーロン・マスクは当初、モデル3の生産ラインはほとんど自動化することでコストを大幅に削減する目標を立てていたわけですが、その高い目標設定のために、生産ラインの立ち上げに失敗してしまったのです。そこでイーロン・マスクは、生産ラインのボトルネックを解消するために、昼夜問わずに工場に泊まり込むほどの気概を見せ、なんとかモデル3の生産台数を増やしていきました。この2017年の後半こそが、モデル3の販売ができないためにキャッシュフローが回らず、テスラが倒産に最も近づいた時期であると、のちにイーロン・マスクは語っています。より安価なEVであるモデル3を量産するということは、テスラが倒産のピンチに追い込まれるほどに難しいチャレンジだったのです。

なんとかその生産地獄というピンチを脱出した2018年以降、生産体制整えたモデル3の販売台数は順調に増加していきました。アメリカ国内では競合のミッドサイズセダンをごぼう抜き。たったの1年半程度の間にアウディA4、BMW3シリーズ、メルセデス・

ベンツCクラスに10万台以上の大差をつけて圧勝します。モデル3はテスラを倒産のピンチに追い込む要因ともなった一方で、競合車種を短期間で圧倒するほどの販売台数を達成し、テスラの自動車メーカーとしての実力を世界に証明した極めて重要な車種となったのです。

このモデル3の快進撃は、お膝元であるアメリカ国内には留まらず、現在も様々なマーケットに波及しています。2019年末からは、中国上海に建設した巨大な車両生産工場である「ギガファクトリー3」においてもモデル3の生産がスタートし、中国国内の需要だけではなく、ヨーロッパやアジア諸国にも出荷することによって、世界中のマーケットで販売台数が増加しています。我々日本市場でも2019年の9月から納車がスタートして、現在では日本を代表する売れ筋EVの常連にランクインしています。ドイツ御三家のお膝元、ヨーロッパでも快進撃を続けていることは前述した通りです。見逃してはいけないのが、ドイツメーカーが現在、どの市場でもモデル3に対抗できなくなっている、という点です。

モデル３を凌ぐ人気のモデルＹ。

新型車モデルＹはモデル３超えの大人気

そして２０２０年３月、テスラはモデル３に続く新型ＥＶを発売しました。ミッドサイズＳＵＶセグメントのモデルＹです。ＳＵＶは現在、世界的に需要が増加しているため、セダンタイプのモデル３よりもさらに売れることは容易に予想がつきます。

この世界的に需要の高いモデルＹを生産するため、テスラはアメリカ第２の工場としてテキサスに「ギガファクトリー５」を建設し、２０２２年の前半から稼働させせました。またドイツ・ベルリンにもヨーロッパ大陸初の「ギガファクトリー4」を建設し、2022年前半から稼働させています。現在テスラはグローバルに4つの車両生産工場を稼働させており、その全てでモデルYを生産する体制を構築しています。

2022年後半時点で、モデルYの生産台数はベルリンのギガファクトリー4で週産2000台を突破。販売台数では2022年9月に日本に次ぐ自動車大国であるドイツ市場のみで9846台という販売台数を記録し、ドイツ国内で最も売れた自動車に君臨したのです。最も売れたEVというだけではなく、内燃機関車も全て含めたランキングでも、長年ベストセラー車に君臨し続けているフォルクスワーゲンのゴルフを超える販売台数を達成しました。

もちろん単月のみの販売台数で一喜一憂するべきではないとは思いますが、ドイツで最も売れた車が内燃機関車ではなくEVであった、しかもそのEVはドイツメーカー製ではなくアメリカ・テスラ製であったという事実は、自動車大国ドイツでも強力なライバルとして一目おく存在になったと言っても過言ではないでしょう。

モデルYはヨーロッパ市場だけでなく中国市場でも圧倒的な販売台数を達成しています。ドイツと同じく2022年9月、中国国内の人気車種ランキングにおいてモデルYは5万台近い販売台数を記録して首位に君臨しました。特筆すべきは先ほどのドイツ市場と同様、EVというカテゴリーだけではなく、内燃機関車も含めた全てのカテゴリーでトップに立ったという点です。しかもトップ10の顔ぶれを見てみると、トップのモデルYと第6位のモデル3以外は100~200万円程度から購入できる大衆車です。第3位にランクインしているのが超格安小型EVのHong Guang Mini EVだということを鑑みれば、600万円以上の高級車であるモデルYが異常とも言える販売台数を記録していることがわかります。

完全自動運転が前提のデザイン設計

このように現在、世界中で次々と記録的な販売台数を打ち立てているテスラですが、ではテスラのEVにはどのような魅力があるのでしょうか。

最も象徴的なのは、車内のダッシュボード中央にぽつんと配置された15インチのタッチパネルです。モデル３やモデルＹのダッシュボードには、普通の車のダッシュボードにずらりと並んでいるメーター類やスイッチ類がほとんどありません。車内の物理的なスイッチやメーターをほぼ撤廃し、このタッチパネルに操作や調整機能の全てを集約しているのです。ライトやミラー調整、エアコンの温度調整をはじめとするありとあらゆる操作は、この1枚のタッチパネルで行います。ミニマリスティックの極みのような先進的なデザインです。

テスラは視覚的なインパクトだけをねらってこのようなデザインを採用しているわけではありません。テスラが見据えているのは近い将来にやってくる完全自動運転時代です。完全自動運転になれば乗客は車の運転に一切関知することなく、ただ単に車に乗るだけになるため、運転操作に関するスイッチ類を今からなるべく撤廃しておく必要があると考えているからなのです。

テスラは、２０１７年から発売されたモデル３以降の全ての車両が完全自動運転に対応して自律走行が可能であり、いわゆるロボタクシーにアップデートすることができると主

ミニマリスティックの極みのモデル３ダッシュボード。

張しています。自動運転と聞くと、自動運転専用の車両として特別なカメラやセンサー類を大量に取り付けていなければならないとイメージしてしまうのですが、テスラは、完全自動運転に必要なハードウェアはすでに搭載されていると主張しています。約80万円の有料オプションの完全自動運転機能を購入していれば、Over The Air（ＯＴＡ）と呼ばれる継続的なソフトウェアのリモートアップデートを行い、仮に自動運転用の演算チップなどハード面の交換が必要となっても無償で交換することで、今は手動で走行しているテスラ車が、ある日を境にロボタクシーとして自律走行を行うようになっている。このような未来まで見据えて車内にロボタクシー前提のデザイン設計を採用しているということなのです。

航続距離という弱点を克服

もちろん、テスラの魅力はそれだけではありません。実際にモデル3やモデルYを所有している私個人としては、先進的なデザイン設計よりもむしろEVとしての質の高さに魅力を感じていますし、それがテスラ車の人気を語る上で外せないポイントであると考えています。自動運転などの先進性は付加価値に過ぎません。重要なのは、日常の足として実用的に使用できるのかどうかという車としての基本性能です。

EVを内燃機関車と比較した時に、EVには車としての基本性能にふたつの弱点があります。航続距離と充電によるエネルギー補給です。しかしテスラはそのどちらも克服しているのです。

まずひとつ目の航続距離について見てみましょう。現在発売されている内燃機関車は、ガソリン満タンの場合で軽自動車は500～600㎞走行可能、ハイブリッド車の場合は1000㎞走行することができます。一方EVは、例えば初代日産リーフはメーカーのデータで航続距離は200㎞ですが、高速道路を時速100㎞でクーラーをつけて走行しても達成可能な実用使いにおいて最も信用に値するアメリカのEPA基準で算出された航続距離を参照してみると、その航続距離はたったの117㎞です。これではやはりEVは内燃機関車よりも明らかに航続距離で劣っており、車としての基本性能が実用的ではないと感じられると思います。

しかしテスラ車は、2022年モデルのモデル3の航続距離は最長576㎞、テスラのフラグシップモデルであるモデルSは2022年モデルで最長652㎞という航続距離を達成し、EVの弱点を克服しています。EVの弱点であった航続距離の短さは、初代日産リーフが発売されてから10年余りで目覚ましい改善が行われているのです。ちなみに現在、EPA基準で最も航続距離が長いEVはテスラ車ではなく、テスラモデルSのチーフエンジニアであったピーター・ローリンソンがトップを務める新興EVメーカー、ルーシッド・

モーターズのフラグシップセダンであるAir《エア》で、その航続距離はなんと837㎞に到達しています。

ＥＶの弱点だった航続距離の数値も、現在では従来の内燃機関車と遜色のないレベルにまで改善してきており、ＥＶ最高クラスの航続距離を達成しているテスラに追いつき追い越せとばかりに、競合ＥＶメーカーがテスラを凌駕し始めています。

一挙両得の電費性能

私の考えるテスラのもうひとつの大きな魅力は、航続距離とバッテリー容量の比率を示した電費性能です。ＥＶの航続距離を伸ばしたいのであれば、バッテリーを多く搭載する必要があります。例えば、初代日産リーフに搭載されていたバッテリー容量は24㎾hでしたが、ルーシッドのAirに搭載されているバッテリー容量は、およそ118㎾h。初代日産リーフの5倍程度のバッテリーを搭載しているからこそ、航続距離を大きく引き伸ばすことができているのです。他方、バッテリーを大量に搭載することによって、その分だけ車両重量が増してしまうという問題が起こります。さらにレアメタルなどの貴重な原材料が使用されているバッテリーを大量消費してしまうということは、必要となるバッテリーを生産できずに、EVを大量生産できなくなる危険性が出てきます。つまりEVの生産にあたっては、この航続距離とバッテリー容量のバランスをうまく取っていかなければならないのです。

バッテリー容量を減らしながら、かつ航続距離を最大化するためにEVの車両側の設計で可能なのが、電費性能の向上です。同じバッテリー容量でどれほど長い距離を走行させることができるのかという指標が電費ですが、そのEPA基準をベースにした電費性能が最も高いのが、ずばりモデル3です。さらにEVのSUVセグメントでトップに君臨しているのが、ずばりモデルYなのです。

テスラはただ闇雲に航続距離を伸ばすのではなく、ユーザーの需要に見合うだけの航続距離を達成しながら、同時に搭載バッテリー容量を少なくすることによってより大量のEVを生産することができます。またユーザーにとっても、電費性能が高いEVは同じ航続距離を走行しても使用電力量を抑えることができるので電気代の節約にもつながりますし、車両重量を軽くすることができるのでタイヤの摩耗を抑えてタイヤを長持ちさせることにもつながるのです。

充電性能＝充電スピード＋充電インフラ

では2点目のＥＶの弱点、充電性能について見てみましょう。ＥＶの充電には、スマホの充電のように自宅などでゆっくりと行う普通充電と、外出先で短時間で行う急速充電の2種類がありますが、ここで取り上げるのは後者の急速充電です。

ＥＶの充電というと時間がかかるとお考えの方が大半だと思いますが、モデル３は現在発売されているＥＶの中でも非常に充電スピードが速く、充電残量10％から80％まで充電するのに最短20分前半で充電を完了させることが可能です。この充電スピードを可能にするために、搭載されているバッテリーは最大２５０kW級の充電出力に対応することができています。

もっとも、すでに世界ではテスラよりも早い充電スピードを達成したＥＶが現れ始めています。特に成長著しいのが中国のＥＶメーカーで、中でもＥＶスタートアップであるXpeng《エックスペン》が発売している中大型ＳＵＶのＧ９は、最大で４３０kWというテスラをはるかに凌駕する充電出力に対応し、その充電時間は充電残量10％から80％まで充電するのにたったの15分で充電が完了します。

また中国ＧＡＣのＥＶ専門ブランドであるAion《アイオン》の中型ＳＵＶのAion Ｖは、間もなく超急速充電に対応した最新バッテリーを搭載したグレードをラインナップに追加する方針を表明し、その充電時間は充電残量10％から80％まで驚きの８分間だとのこと。前述した航続距離と同様に、テスラに追いつき追い越せと、充電スピードが急速に進化してきていることがおわかりいただけると思います。

とはいえ、内燃機関車のガソリン給油は大体５分程度もあれば、空の状態から満タンまで燃料補給ができるので、いくらテスラの充電スピードがＥＶの中で早いと言ってみても、やはり内燃機関車の給油スピードとは雲泥の差があるのは明白です。

この急速充電を補完する役割を担っているのが、普通充電です。普通充電器は主に自宅やホテルなどに設置され、日本では3～6kW、欧米で6～11kW、場合によっては20kW近い出力を発揮します。例えば、夜21時に帰宅、あるいはホテルに到着した後に充電プラグを差し込み、翌朝の7時に充電プラグを抜いて出発するといったスケジュールの場合、10時間充電することができるわけですが、日本で一般的な最大6kWで普通充電を行えば、理論上60kWh、充電時の1割の損失（実際には普通充電レベルの出力では1割の損失は出ない場合が多いが、今回はより損失が大きい急速充電で一般的な損失割合を適用）を考慮に入れても、54kWという電力量を充電することができます。この電力量は、例えばテスラモデル3の航続距離に換算してEPA基準ベースで380km程度の航続距離にあたります。6kW以上の普通充電器を容易に設置することができる海外では、ほぼ満タン近くまで充電することができます。

つまり毎日夜の21時から朝の7時までしか普通充電を行う時間がなかったとしても、毎日380kmの距離を走行できるのです。そして特筆すべきなのが、この普通充電を行っている間、人間は自宅やホテルで充電を気にすることなく過ごせるので、実質の充電時間はゼロだという点です。

先ほど普通充電について「急速充電を補完する役割」と説明しましたが、それは誤りです。実際は、普通充電こそEVを運用する上での基礎的な充電方法であり、急速充電はあくまでも「普通充電を補完する役割」であることがおわかりいただけると思います。

テスラの急速充電に話を戻しましょう。1オーナーとして、テスラの充電性能が他のEVと比較しても極めて高性能であると感じる理由がテスラ独自の急速充電ネットワーク、スーパーチャージャーの存在です。テスラは2022年末時点で日本全国に50か所以上にスーパーチャージャーを整備しています。北は北海道の札幌から南は九州の熊本まで、全国の主要高速道路のインター近くに設置されています。50か所という数字は一見少ないように感じますが、テスラ車の航続距離は最も短いモデルでもEPA基準で400㎞程度はありますので、スーパーチャージャーの間が100~200㎞程度離れていたとしても、特に問題なく運用することができてしまうのです。スーパーチャージャーの利便性については第3章で詳しく述べましたので、ここではそのメリットだけをまとめてみます。

・各充電ステーションに概ね4基以上の急速充電器が設置されているので、充電渋滞や充電器故障のリスクを大幅に低減している
・充電プラグを差しただけで充電決済まで完了するプラグアンドチャージ機能に対応
・基本的には24時間365日開放
・車内にいながらリアルタイムで充電器の使用状況を把握できる
・1回30分という充電時間の制限がない
・充電ケーブルを水冷式にしているため、充電プラグも含めて軽い。女性や車椅子の方でも取り回しやすい設計
・テスラ車のバッテリー温度管理機構によって、充電前にバッテリーを充電に最適な温度に調整できるので、外気温に左右されずに充電時間を短縮できる

日本では今、国産EVをはじめ海外メーカーの新型EVが続々と登場していますが、ど

んなに優れたＥＶが登場しようとも、現在の利便性の低い公共の急速充電器を使う以上は、その車のポテンシャルを十分に発揮することができません。ＥＶの性能とは車単体の性能ではなく、充電能力、充電インフラも含めたトータルな性能です。急速充電インフラをただのインフラとして捉えるのではなく、ＥＶ性能のひとつの要素として捉えなければなりません。ＥＶにとっては、それほど重要な要素なのです。その点でテスラは、他のどのメーカーよりも先見の明があり、ＥＶの本質を理解していたと言っていいでしょう。

遅い車はつくらない

そしてテスラを語る上で欠かせないのが、その加速性能です。

通常はモーターの出力を引き上げれば引き上げるほど、その分だけ電費性能が悪化してしまいますので、このパフォーマンス性能と電費性能のバランスに、競合各社の特色が現れるのです。

例えばトヨタbZ4Xは、停止状態から時速１００㎞まで加速するのにかかる時間（ゼロヒャクタイム）が最速6・9秒。日産アリアは最速で5・1秒。どちらもスポーツカーに十分匹敵するような運動性能を兼ね備えています。アクセルを踏むとレスポンスよく瞬時に加速するEVは、内燃機関車に比べて加速性能に優れているのです。

その加速性能に優れたEVの中でも頭ひとつ抜きん出ているのがテスラ車です。「テスラは遅い車はつくらない」とイーロン・マスクが公言しているほどです。例えばモデルYはゼロヒャクタイムが最速で3・7秒と、国産EVとは一線を画すポルシェ911並みの強烈な運動性能を誇っています。その一方で、トレードオフになるはずの電費性能はどれほどなのかを見てみると、モデルYの最速グレードであるパフォーマンスは、およそ78・8kWhのバッテリー容量を搭載し、航続距離は595km（日本WLTCモード）、電費性能は150Wh／km。比較しやすい日産アリアの最速グレードB9 e-4ORCEは、87kWhのバッテリー容量を搭載し、航続距離は560km（日本WLTCモード）、電費性能は187Wh／km。日産アリアと比較しても効率性で上回っていることがわかります。

つまりテスラは、運動性能で多くの競合EVを凌駕する性能を達成していながら、パフ

トヨタの本格的EV、bZ4X。

ォーマンス性能を追求する上でトレードオフとなるはずの電費性能の効率性を両立させているのです。ちなみに現在、地球上で最も速い乗用車の一台がテスラのモデルS Plaid《プラッド》で、そのゼロヒャクタイムはポルシェもフェラーリも凌ぐ驚異の2・1秒です。

広大な収納スペース

エンジンがないことによるEVのメリットのひとつが、収納スペースを広く確保できるという点です。日産アリアのトランクの収納スペースは466L、トヨタbZ4Xも470Lという比較的広い収納スペースを確保することができています。テスラのモデルYは、アリアやbZ4Xより車両サイズが大きいものの、そのトランク部分の収納スペースは854L。この容量はアリアやbZ4Xに比べても広いだけではなく、内燃機関車の大型SUVの代表格、メルセデス・ベンツGLEのトランク収納スペース690Lと比べても際立っています。

モデルYは加えて、内燃機関車ならエンジンルームとなるフロントのボンネット部分にフロントトランク、略してフランクと呼ばれる収納スペースがあります。その容量は117Lと買い物袋が2、3個すっぽり入ってしまう実用性の高い収納スペースです。

フランクは、安全性にも大きく寄与しています。フランクを採用しているテスラ車は、ボンネット下に収納スペースという名のクラッシャブルゾーンを広く確保することができるのです。内燃機関車では通常ボンネット下にはぎっしりと内燃エンジンなどが積み込まれており、衝突の際には室内に侵入する危険性がありますが、フランクではその危険性を軽減できます。フランクを採用することによって、収納スペースに加えて衝突安全性も高まるのです。

ポルシェ並みの加速性能を持ち、際立った収納スペースを確保しているモデルY。EVとしてはもちろん、内燃機関車も含めた車としても、魅力的な一台ではないでしょうか。2022年9月、ヨーロッパで最も売れた車に君臨したのにはこうした理由があったのです。

テスラの真の姿

さて、ここまでお読みになってきた読者の皆さんは、テスラのことを世界をリードするEVメーカーだとお考えになったかと思います。しかし、その実態はEVメーカーには留まりません。

テスラは2017年2月、テスラモーターズという社名を現在のテスラに変更しました。その前年の2016年には太陽光パネル事業のベンチャーであったソーラーシティを買収して、次世代型ソーラーパネルの開発や生産を行ったり、家庭用の蓄電池であるパワーウォールや、商業向けのメガパックの開発など蓄電ビジネスも手がけています。かつてアップルが「コンピュータ」という名前を取り外したのと同じように、総合エネルギー企業を目指すために「モーターズ」という名前を取り外したのです。そして現在は総合エネルギー企業という枠すらも飛び越えて、更なる新領域を開拓しています。

例えば、テスラを語る上で欠かせない自動運転の開発ですが、重要なのは関連するほぼ全てのテクノロジーを完全に内製しているという点です。本書はＥＶを中心に取り上げていますので詳細は割愛しますが、例えばテスラの自動運転システムを動かす「ＦＳＤチップ」はテスラが一から設計を手がけています。元々は半導体大手のNVIDIA《エヌビディア》社製のチップを採用していましたが、独自チップの採用に踏み切りました。

テスラは自動運転システムを開発するにあたり、すでに世界中を走行している数百万台というテスラ車からデータを収集し、その大量のデータをディープラーニングによって解析。解析されたデータをもとにトレーニングされたニューラルネットワーク（Neural Network　脳の神経回路の一部を模した数理モデル）をベースとした最新の自動運転システムを、再度、ソフトウェアアップデートを通じて世界中を走行しているテスラ車に配布しています。この一連の流れを繰り返すことによって、最終的には完全自動運転へのアップデートを目指しているのです。

ニューラルネットワークのトレーニングに用いられるスーパーコンピューターは、独自設計したDojoチップで構成し、Dojoチップを用いたDojoシステムもまた独自設計しています。このDojoシステムを通して、テスラの自動運転システムのベースとなるニューラルネットワークをトレーニングしていくのです。

つまりテスラは、自動運転システムをいち早く完成させるために、ただ自動運転システムというソフトウェアの部分を独自開発するだけではなく、その自動運転システムを動かす演算チップも自社で設計し、自動運転システムの完成には欠かせない大量のデータを最速で処理するために、自社内にスーパーコンピューターを完備し、そこで使用されているスパコン用のチップすらも自社で設計するという徹底ぶりなのです。

このように徹底した独自開発手法は、製品の開発から生産、販売までのプロセスを全て一社で統合したビジネスモデルである「垂直統合型」と評されますが、まさにテスラは、

EVの心臓部分であるバッテリーの独自内製化をはじめとして、専用の急速充電ネットワークの構築、自動運転システムの開発手法まで、テスラが一貫した開発思想を有していることがうかがえます。

ちなみにテスラは、このテスラ車用の自動運転システムをなんとロボットにも応用して、人型ロボットの開発にも取り組むことを発表し、すでに2022年、「テスラ・ボット」と名付けられた人型ロボットのプロトタイプを披露しました。つまり、ただEVの自動運転のためだけに自動運転システムを開発していたわけではなく、この自動運転向けのニューラルネットワークを、単純作業を代替してくれる人型ロボットにも適用することによって、その開発コストを大幅に抑制することができるのです。テスラ車に搭載されている自動運転用のカメラをそのままテスラ・ボットの頭部に埋め込む仕様であることから、さらに導入コストを低減することも可能でしょう。

現在、テスラという企業は様々な顔を併せ持っています。EVメーカーだけに留まらず、蓄電や発電も含めたエネルギーのトータルソリューションを提供する「総合エネルギー企業」としての顔。世界中を走っているテスラ車からリアルデータを収集し、学習が完了したニューラルネットワークを無線アップデートによって再配布するという、競合の自動車メーカーよりも最も先進的なアプローチを採用した最先端の「テック企業」としての顔。そしてこの自動運転システムを、将来の労働力不足の解消を図る人型ロボット、テスラ・ボットにも汎用的に導入することによって、その開発・生産コストを大きく抑制する世界屈指の「ロボティクス企業」としての顔。この多様性こそが、テスラという企業の真の姿なのです。

第6章

2023年オススメEVの選び方

まず確認したいのは、充電環境

私はＥＶ歴８年です。１ユーザーとして、これまで日産リーフやテスラモデル３とモデルＹを所有してきました。同時にＥＶジャーナリストとして、日本で発売されているＥＶを数多くテストし、１０００kmチャレンジでは実際に１０００kmの長距離ドライブをした時の電費、充電にかかる時間などを検証してきました。

様々なＥＶに関わってきた私の経験から、本章では２０２３年の日本でどのようなＥＶを購入すればよいのか、１ユーザー視点から購入を検討する時のポイントと、オススメの車種をご紹介していきます。ここまで皆さんにお伝えしてきたＥＶの知識とあわせてお読みください。

まず、実際にＥＶを購入する上で最も重要になってくるのが、「充電環境」です。

基本的には、自宅に普通充電器を設置するか、もしくは近隣の自動車ディーラーや公園、ショッピングセンターなどに設置されている急速充電器を定期的に利用するか、という選択になります。

しかし、ここまで読み進めてきた方はおわかりかとは思いますが、後者の近隣の急速充電器を定期的に利用する運用方法は、定期的に近隣のガソリンスタンドで給油を行う内燃機関車の運用方法と全く変わりません。その上ＥＶは、内燃機関車より航続距離が短いので、充電回数が相対的に増えてしまいます。充電時間もＥＶの場合は30分以上を要してしまうため、内燃機関車よりも利便性が低くなってしまいます。いざＥＶを購入しても充電の利便性の低さに不満が溜まり、結局はＥＶを手放してしまう、などという事態も考えられます。

ですのでオススメは、一軒家であれ、集合住宅住まいであれ、やはり自宅に普通充電器を設置することです。一度、この基礎充電環境を整備してしまえば、内燃機関車のように定期的にエネルギー補給のためにガソリンスタンドに赴くなんてことをしなくてもよくなるので、満充電あたりの航続距離や充電時間が内燃機関車より劣っていたとしても、ほとんどの方にとって大きな問題とはならないでしょう。スマホのように帰宅した後の自宅充電によって、ＥＶが内燃機関車より利便性の高い乗り物となるのです。ちなみに一軒家の場合、ＥＶを発売している各メーカーは10万円前後で自宅充電の設備を用意しているので、すぐに設置してくれます（集合住宅の場合、駐車場に充電器の設置ができるかどうかは、ケースバイケースです）。自宅に基礎充電環境を整備することができる方には、ＥＶの購入をオススメします。

一方、集合住宅などの事情で自宅に充電器が設置できず、近隣の急速充電器を使用する運用方法で購入を検討している方は、ＥＶが「内燃機関車よりも不便なクルマ」となることをまずは認識してください。しかし、それでもＥＶの乗り心地や先進性、環境への貢献などに魅力を感じるのであれば、購入もありだと思います。デメリットとなる近隣での急速充電も、多くはスーパーやコンビニなど買い物などで時間を潰すことができる場所にありますので、買い物ついでに充電をする、と発想を切り替えるのも一案です。ただ、充電のために時間を作るという手間が必ずつきまとうことは忘れないでください。

いずれの場合でも、ＥＶ購入の際にまず確認することは、自宅での普通充電が可能なのかどうかです。ＥＶは基礎充電環境を整備することが大前提、ということはご理解ください。ですので本書では、自宅での基礎充電環境を整備することができない方には、ＥＶの購入を積極的にはオススメはいたしません。

そのメーカーに独自の急速充電ネットワークがあるか

日常使いでの充電環境についての確認事項をお伝えしてきましたが、今度は旅行などのロングドライブの際の充電環境について考えてみましょう。

第３章でお伝えした通り、海外とは違って国内の公共の急速充電ネットワークは極めて脆弱です。急速充電器の圧倒的マジョリティは40kW以下という低スペックに留まっています。いくら高性能なＥＶを購入したとしても、１回30分の充電セッションで回復できる航続距離はせいぜい１００km～１２０km程度がいいところ。30分間充電したとしても１００km程度しか先に進めません。つまり、現状の公共の充電インフラを利用する場合、高性能

EVの高い充電性能の恩恵を全く活かすことができないのです。

確かに現在、90kW級という高性能な急速充電器の設置が徐々に進められてはいますが、その大半が2台同時に充電可能な構造になっていて、1台であれば高性能な充電ができるものの、2台同時に充電をすると最大でも半分程度の出力しか発揮することができません。結果的には50kW級の急速充電器で充電する場合と大して変わらないのです。これでは1回の充電量が不透明になるだけではなく、充電地獄を招く可能性も孕んでいます。

先ほど、自宅での基礎充電設備を整えることが前提とお伝えしましたが、それは自宅近辺での日常使いでの場合です。急速充電を2回以上行う必要が出てくる500km以上の長距離走行をする場合、EVを不便なく運用することができるのかといえば、公共の急速充電ネットワークを使用する以上、かなりストレスフルな運用を強いられる可能性が高い、ということは頭に入れておいた方がいいでしょう。

しかし、この脆弱な公共の急速充電ネットワークを頼らずに充電することができるのであれば、話は違ってきます。現在、メーカーによってはメーカー独自の急速充電ネットワークを構築しているケースがあります。その筆頭格であるテスラのスーパーチャージャーについては、すでに前述しました。

次に注目したいのが、アウディ、ポルシェ、フォルクスワーゲンのフォルクスワーゲングループです。フォルクスワーゲングループでは現在、各販売店に最大150kW級の急速充電器の設置を急ピッチで進めています。その充電ネットワークの特徴を見てみましょう。

・基本的には24時間365日開放
・アプリ上でリアルタイムで充電器の使用状況を把握
・1回30分という充電時間の制限がない
・グループ傘下のEVであれば、どのブランドのディーラーでも充電器を相互利用できる

まだ本格運用をスタートして間もないため、充電体験の最適化がどこまで進んでいるのかは実体験を通して判断する必要がありますが、世界的に成功を収めているテスラのスー

パーチャージャーの利便性の高さを模倣することができているため、テスラ車以外の選択肢として有望です。全国のディーラーに設置が完了すれば、充電ステーション数ではテスラを超える規模の急速充電ネットワークを有することになります。

ちなみによく誤解されているのですが、日産など自動車ディーラーに設置されている急速充電器は、テスラのような独自の急速充電ネットワークではありません。テスラとフォルクスワーゲングループ以外のメーカーが設置している急速充電器は、基本的にはそのほとんどが公共の急速充電器と同様の低スペックな急速充電器です。日産のディーラーに急速充電器が設置されているといっても、近隣のスーパーなどで充電するのと利便性に変わりはありません。

内燃機関車の車の選び方とは異なり、いざＥＶを購入するとなると、車の性能やデザインだけでは選ぶことができません。ＥＶを運用する充電インフラの性能もセットで検討しなければならないのです。特に、公共の急速充電インフラが脆弱な日本では、メーカーが独自の高性能の急速充電ネットワークを有しているかどうかという点は、長距離ドライブの利便性・安心感において雲泥の差となってきます。1日500kmを超えるような長距離ドライブの機会が多い方には、テスラやフォルクスワーゲングループのEVをオススメします。

ディーラーの手厚いサービスは、EVに必要か

自動車を安心して運用する際に重要となってくるのが、サービス拠点の充実度です。しかしEVには従来の自動車ディーラーのようなサービス拠点がほとんどないメーカーもあります。

例えばテスラの場合、いわゆる自動車ディーラーのような整備拠点は全国で数か所、東京を中心とした首都圏と大阪などの大都市圏にしかありません。これではとてもではないが地方でテスラを購入するなんて無理がある、と感じるのもいたし方ないと思います。

2022年にEVや水素燃料電池車で日本に再上陸を果たした韓国の自動車メーカー・ヒョンデも、大都市圏を中心に自動車整備工場と協業して認定整備拠点を構築してはいま

すが、その拠点数はテスラと同様に、街に必ずひとつは存在するような日本メーカーの圧倒的な拠点数には及びません。

おそらく今後数年間で、様々な自動車メーカーやスタートアップのＥＶが日本市場に参入してくるはずですが、その多くがテスラやヒョンデのように整備拠点数を絞ってくる可能性があります。従来の自動車メーカーの全国的なディーラー網に慣れた方の中には、いくら魅力的なＥＶが新発売されたとしても、その整備拠点数の少なさに不安を感じ、ＥＶの購入を断念する方もいらっしゃることでしょう。

しかし、そのような方々に考えていただきたいのが、果たしてＥＶの運用において整備拠点でのメンテナンス作業がどれほど必要なのか、という点です。というのもＥＶは部品点数が少なく、故障の確率が低いということ。そしてエンジンがないため、内燃機関車では定期的に必要となるエンジンオイルの交換はありません。またほとんどの場合、減速はＥＶの特性である回生ブレーキを使用し、ブレーキパッドはほとんど使用しないためパッドが減らず、交換を考慮しなくてよくなります。

韓国でもEVは大人気。街中でよく見かける。車はヒョンデのIONIQ5。

前述したテスラやヒョンデといった整備拠点数が少ない自動車メーカーは、そのハンデを補うために、モバイルテクニシャンが場所を問わず現地まで直接赴いて、故障診断や簡易的な修理作業を行うモバイルサービスを展開しています。分解を必要とする作業以外、整備拠点に入庫せずとも修理作業を完了させるシステムを採用しているのです。

付け加えると、両メーカーともに遠隔にて車両アラートの警告情報を共有できるコネクティッド機能が装備されているので、整備拠点に入庫が必要かどうかをメーカー側がすぐに判断することができます。またヒョンデはロードサイドアシスタンスとして、無料で車両の引取り、搬送、修理後には整備工場から自宅まで無料で納車、仮に帰宅困難となっても帰宅・宿泊支援を完備しています。テスラもヒョンデも、整備拠点の少なさをモバイルサービスを充実させることで補っているのです。

定期的なメンテナンス作業を必要とする内燃機関車の場合は、身近に整備拠点があった方が便利で安心感もあると思います。しかし定期的な整備の必要性が少なくなったEVの場合、整備拠点が少ないことがどれほど問題となるのかは、もう一度冷静に考え直してみてもよいのではないでしょうか。少なくともEV歴8年の私は、これまで車検以外で販売ディーラーにお世話になった機会はほとんどありません。ですので整備拠点数が豊富だからこの自動車メーカーのEVを選択する、という考え方は全くありません。

もっともテスラは、今後オートバックスなどと協業することで、車検サービスなどの一部アフターサービスが様々な地域で受けられるようになる見込みです。また中国のEVメーカーBYDは、第三者の販売ディーラーと協業して、今後数年間で全国100店舗という販売店を整備する方針を表明しています。EVというカテゴリーでは各社が様々な形でのアフターサービスを提案しており、単純に整備拠点の数を重要視するのではなく、今後はサービス体制の質そのものが重要視されていくことになるでしょう。

バッテリーの温度管理機構が採用されているか

第1章でお伝えした通り、2023年に発売されている多くのEVにはバッテリー温調システムと呼ばれるバッテリーの温度管理機構が搭載されています。バッテリーの温度を能動的に管理しているEVの方がバッテリーの寿命を長期にわたって引き伸ばすことが可能です。つまり、その分だけ長期保有したときの航続距離を維持し、リセールバリューにも貢献することになるわけです。

温度管理機構が搭載されていることで、大量の熱を発生させる急速充電を真夏に連続して行ったとしても、通常通りの充電性能を発揮することができるので、EVの長距離運用の利便性を向上させることにもつながります。逆に冬場、バッテリー温度が低い場合は充電性能を制限されてしまうわけですが、バッテリーの昇温機能を採用していれば、通常状態とさほど変わらずに、期待通りの充電性能を発揮させることできます。

ですのでEVの購入を検討する際は、バッテリーの能動的な温度管理機構を採用しているEVを選択することをオススメします。

EV専用プラットフォームを採用しているか

内燃機関車からEVへとEVシフトの過渡期にある現在、発売されているEVには2通りあります。EVのために一から設計したEV専用のプラットフォームを採用しているEVと、内燃機関車用に車両設計したプラットフォームをベースに転用したEVです。

私のオススメはEV専用プラットフォームを採用しているEVです。内燃機関車は内燃エンジンをはじめ非常に複雑な構造のため、その車両設計の自由度には限界があります。

その一方でEVの場合はバッテリー、モーター、インバーターというコアテク以外は、内燃機関車に付随するエンジンなどのパーツの大部分が不要となるため、車両設計の自由度が飛躍的に向上します。

テスラや中国のＥＶスタートアップ、ＥＶ専用工場などＥＶに特化した生産ラインを建設したフォルクスワーゲングループは、ＥＶに特化した専用のプラットフォームを採用しています。従来の内燃エンジンの搭載を前提とした車両設計を抜本的に見直し、ボンネット下にはクラッシャブルゾーンの役割も果たす収納スペースを設けたり、エンジンの駆動を伝えるプロペラシャフトが不要になるため、後席中央の床のでっぱりをなくして床をフラットにするなど、ＥＶならではの自由な設計をすることができます。

フォルクスワーゲンのＥＶは、ボンネット下に収納スペースを設ける代わりにフロント部分を短くするショートオーバーハングを採用して回頭性を重視し、最小回転半径セグメントNo.1を達成しています。

このようにＥＶとひと口に言っても、従来の内燃機関車から内燃エンジンを取り出して、代わりにバッテリーやモーターを詰め込んだものなのか、それともＥＶ専用設計とすることで、内燃機関車ではできなかった新たな価値観を提供することができているのか、大きな違いが出てくるのです。

しかし内燃機関車を捨て去ることができない既存の自動車メーカーは、車両の生産ラインをEV専用に置き換えることができないために、内燃機関車との混流生産を前提として既存の内燃機関車のプラットフォームをベースにEVを開発せざるを得ない、という現実があります。EVのために一から設計すればレイアウトを大きく進化させることができるにもかかわらず、内燃機関車のプラットフォームを転用することによって、EVの特徴のない、これまでの内燃機関車と大して変わらない、ただ電気で動く車を生産するだけとなってしまうのです。

EVの新たな価値の提供はEV専用プラットフォームを採用しなければ享受することはできません。EVの購入を検討する際は、EV専用プラットフォームを採用しているかどうかを調べてみることをオススメします。

ソフトウェアがＥＶに特化されているか

ＥＶとしての新たな価値提供という点で補足すると、航続距離や充電性能とともに、そのＥＶに特化したソフトウェアの作り込みがなされているかという点も重要です。

例えばトヨタbZ4Xを見てみると、航続可能距離は表示されているものの、現在の充電残量表示が表示されないという仕様になっています。ご自身のスマートフォンでイメージしていただくとすぐお気づきになると思いますが、充電残量表示がないとユーザーにとっては非常に不便です。ＥＶも同様で、長距離運用する上ではマイナスです。ナビで目的地を設定した際に、到着時点でどれほどバッテリーが減っているのかを予測する充電残量予測値も表示されません。充電中は航続可能距離が常に９９９㎞と表示されるので、どれほど充電できたかをオーナーが確認することもできません。

ＥＶで長距離を走る時、バッテリーの充電残量は常に気になります。走り方や道路の高低差、気温など走行時の環境によって電力消費量は変わり、電力消費量が変わればバッテリーの充電残量も変わり、それに伴って航続可能距離も変わります。あと２００㎞走行できると思っていたら、スピードを上げて山道を走行したために航続可能距離が１５０㎞に減っていた、というようなことはよくあります。ＥＶ初心者の方は、どれくらいバッテリーの充電残量が減ったのかがわからないため、本当に目的地に到着できるのか不安になってしまうでしょう。内燃機関車も結局は燃料計のガソリン残量で残りの走行距離を確認するように、ＥＶも充電残量が確実な航続可能距離の目安となるのです。

このようにＥＶの運転に特化したソフトウェアの作り込みができているかという点も、ＥＶで気兼ねなく移動するためには重要な要素です。

日常の足、セカンドカーという割り切りＥＶのススメ

ＥＶのパイオニアである日産の調査によれば、日本国内で軽自動車を運用している9割のユーザーは、１日で50㎞未満しか運転しないという調査結果が出ているそうです。おそらく軽自動車を通勤や買い物など日常の足として、セカンドカーで運用されているのでし

ょう。そして、このようにセカンドカーとして割り切ってＥＶを運用するのであれば、満充電あたりの航続距離が１００km程度でも必要十分です。自宅の基礎充電環境さえ整備できれば、公共の急速充電ネットワークが脆弱であったとしても、そもそも使用する必要はありません。運用に特に不満を感じることはないでしょう。

そのように使用用途を限定してＥＶを製造した場合、特に満充電あたりの航続距離をＥＰＡ基準で１００km程度に抑えると、その分だけ搭載バッテリー容量を大胆に削減することが可能になってきます。すると、ＥＶにおいて最も高価となるバッテリー容量が少ない分だけ価格を抑えることができますので、まさにセカンドカーとして求められる車両価格の安さを実現することが可能になってきます。

このような用途を前提にした軽自動車セグメントのＥＶが、日産と三菱が共同開発した日産サクラと三菱ｅｋクロスＥＶです。価格は概ね２００万円台前半からのスタート。補助金を含めると実質１００万円台後半から購入することができます。内燃機関車の軽自動車と遜色のない値段設定を実現したことにより、両車種合わせて月産数千台と絶賛スマッシュヒットを記録し、2022－2023日本カー・オブ・ザ・イヤーの大賞を受賞しました。一世帯で複数の車両を保有している場合、日常の足としての車をEVに変えてしまうのも現実的な選択肢となってきているのです。

忘れてはいけないEV補助金の申請

EVの購入を真剣に検討している方にとって忘れてはならないのが、政府（経産省）からのEV購入に対する補助金です。EV補助金は、EVを購入する個人・法人に対して国が支給するものです。基本的には全てのEVが対象となりますが、その車種によって支給される金額が異なります。令和4年度の場合、通常のEVの上限額は65万円ですが、外部に電気を取り出すことが可能な給電機能を有するEVの補助金は、最大で85万円です。EVは車両価格が比較的高めに設定されているものが多いので、EV購入の際にEV購入補助金を利用しない手はありません。

注意しなければいけないのは、EV補助金の申請ができるのが車両登録が完了した後、という点です。購入の契約を交わしたとしても補助金を前もって申請することはできません。ＥＶ補助金はその年に与えられた予算を使い切ってしまうと、年の途中でも支給が打ち切られます。２０２２年度はＥＶ販売台数が急激に増加したため、一時は補助金の枯渇が心配される事態となりました。実際には、２０２２年の11月中に補正予算が閣議決定されたためことなきを得ましたが、年も押し迫ってから申請するなど、申請のタイミングによっては補助金が支給されないケースが発生する、という点は頭に入れておきたいところです。

本書を執筆している２０２２年末の段階では、残念ながら２０２３年度の正式なＥＶ補助金の詳細は発表されてはいません。しかし例年の慣例通りでいけば、昨年の補正予算における補助内容と概ね同じとなる見込みから、２０２２年度の補正予算において策定されたＥＶ補助金の内容を概ね踏襲するものと思われます。それを前提とした補助金額の予想は、乗用車は最大で80万円程度、そして軽自動車およびプラグインハイブリッド車も最大50万円程度と推測します。

また国のＥＶ補助金とは別に、地方自治体が独自にＥＶ補助金を支給しているケースもあります。例えば東京都は２０２２年、ＥＶ補助金として最大60万円を支給しています。国の補助金85万円と合計するとなんとその額は１４５万円！　ＥＶ購入を真剣に検討する価値のある金額です。ＥＶ補助金の支給の有無や対象は、自治体によって異なりますので、詳細はお住まいの地域の自治体にご確認ください。

2023年、私のオススメEVトップ5

それでは、私の考える２０２３年にオススメのＥＶトップ５をお伝えいたします。その５台とは、プレミアムＥＶセグメントのアウディQ4 e-tron、軽自動車セグメントの日産サクラ、テスラのモデル３とモデルＹ、そしてＢＹＤのDOLPHINです。基礎充電環境を整備できる方を対象としているという大前提を踏まえた上で、それぞれのＥＶの特徴をお伝えしていきます。

アウディのQ4 e-tronは補助金を含めると５００万円台からとプレミアムＥＶセグメン

アウディのQ4 e -tron（上）と日産の軽自動車EVのサクラ（下）。

トの中でも比較的リーズナブルな価格で購入できる上に、77kWhという大容量バッテリーを搭載し、ＥＰＡ基準における航続距離も４００km以上を確保しています。

そして何と言ってもフォルクスワーゲングループ独自の急速充電ネットワークがあるので、ある程度の遠出であったとしても、期待通りの充電性能を発揮することができます。

ここまで様々な条件と環境がそろってくれば、プレミアムセグメントの車種を購入するのであればこの際、ＥＶという選択肢はかなり視野に入ってくるのではないでしょうか。

日産のサクラは、スマッシュヒットを記録した２０２２年に引き続いて、セカンドカーとして非常にオススメできるＥＶです。一時は受注停止となったほどの人気なので、購入を検討している人はすぐにでも注文した方がよいでしょう。しかし仮に注文ができたとしても、納車が遅れるなどタイミングによっては２０２３年度のＥＶ補助金を適用できない可能性があるということは念頭に置いておいた方がいいでしょう。

充電インフラを含めたＥＶとしての完成度が極めて高いのが、テスラのモデルＹとモデル３です。モデル３は言わずと知れた世界のベストセラーＥＶです。国内でも人気の高い

ＳＵＶセグメントのモデルＹは、現在世界で最も売れているＥＶに君臨していることからもその実力は証明されていますし、私が行っているＥＶ性能テストの結果、特に１０００㎞チャレンジの結果を見ていただければ、競合のＥＶと比較しても頭ひとつ抜きん出たスペックを持っていることがおわかりいただけると思います。

そしてもう１点、モデルＹをオススメするポイントは、納期の短さです。例えばモデルＹの競合車種となる日産のＥＶアリアは現在受注を停止しており、新規受注分に関しては２０２３年中の納車はまず絶望的です。一方モデルＹは、２０２２年末の段階で最短２か月程度での納車が可能です。モデルＹはおそらく国産ＥＶと比較しても最も納期が早いＥＶの１台であることは間違いありません。アリアをはじめとする競合ＥＶを検討していたが、納期の長さに痺れを切らして、納期が短いモデルＹに流れるというケースも散見されています。現在メーカー各社が苦労している納期の長さという点からも、モデルＹはオススメの１台です。

そして最後に、２０２３年のダークホース的なＥＶではありますが、私が最もオススメする1台がBYDのコンパクトハッチバックのDOLPHINです。DOLPHINは、そのコンパクトなサイズ感が絶妙です。現在日本でラインナップされているEVの多くはグローバル展開を想定しているため、全幅1850㎜以上のものが多く、日本の道路で扱うには少々大きすぎます。また駐車場に入らないケースもあり、車のサイズがネックとなってEVという選択肢を放棄するケースも散見されるのです。

ところがこのDOLPHINは全幅も1800㎜未満、全長も4290㎜と、日本で取り回すことに抵抗のないサイズに収まっています。そしてそのコンパクトなサイズとは裏腹に、ホイールベースは2700㎜とクラスでもトップクラスで、その分だけ車内スペースを広く確保することができているために、コンパクトなサイズにもかかわらず車内が広いという相反するスペックを達成しています。BYDのEV専用プラットフォームである「e-platform3.0」の採用が、EVのスペース効率の最適化につながっているのです。

このDOLPHINの価格ですが、一部メディアによるインタビューにおいて、補助金を含めると300万円程度からのスタートであることが示唆されました。バッテリーは、BY

Dの独自内製バッテリーであるＬＦＰが採用されています。このＬＦＰは第4章でも解説した通り、バッテリーの安全性や耐久性に優れており、その点での不安をかなり払拭することができます。仮に45kWhというバッテリーを搭載したエントリーグレードが、補助金を含めて実質３００万円程度から発売された場合、そのＥＰＡ基準の航続距離は２８０㎞程度であると推測でき、２０２３年中に日本で発売されるＥＶの中で最もコストパフォーマンスに優れたＥＶとなるでしょう。発売時期は２０２３年中旬の予定なので、最初に注文できればＥＶ補助金を獲得できる可能性も高まります。

このDOLPHIN、基本的には街乗りのセカンドカーとしてオススメです。軽自動車では車体が小さくて安全性が気になるが、安価なＥＶが欲しいという需要にぴったりです。またいざという時には長距離運用も可能です。ＥＶとしての完成度もさることながら、日本でも扱いやすいコンパクトなサイズ感、補助金を含めると３００万円程度という予想価格。DOLPHINはすでに中国国内でもベストセラーＥＶになっており、現在のところ、トータルのコストパフォーマンスでDOLPHINの右に出るＥＶは存在しないというのが私の結論です。

そのほかのＥＶをオススメできないたったひとつの理由

さて、今回私がオススメしなかったＥＶの中にも、高性能なＥＶは実はまだまだあります。ではなぜオススメしなかったのかといえば、その原因はＥＶ側にあるのではなく、全ての原因は日本の脆弱な公共の急速充電インフラにあるのです。その詳細は第３章で述べました。現在の日本の公共の急速充電インフラでは、どんなに高性能なＥＶでもその能力を発揮することができず、いくら航続距離が長くても、充電受け入れ性能が高くても、充電への不安を解消することができないのです。充電に対する不安を解消できないＥＶは、たとえそのＥＶが高性能であっても、残念ながらオススメできません。これがＥＶ運用歴８年の１ユーザーの結論です。

私はそこまで長距離走行しないので、基礎充電環境さえ整備できれば急速充電インフラを考慮する必要がない、と考える方もいるかもしれません。しかしＥＶを８年運用してきた私からすれば、急速にＥＶの数が増えてきていることによって、公共の急速充電器の使用頻度が目に見えて増加し、充電渋滞、もしくは複数のＥＶが同時に充電していることで、期待通りに充電できないケースが散見されています。仮に年に数回しか遠出をしないという方でも、その数回の移動の際には充電への不安がつきまとうことには変わりなく、ましてやその遠出が週末や大型連休だった場合には、充電器の使用頻度が集中し、充電渋滞に巻き込まれる可能性が高まります。

その点、テスラやフォルクスワーゲングループのＥＶであれば、独自の急速充電ネットワークがあるので、こうした充電への不安はかなり軽減されます。ＥＶを初めて購入される方でも充電に対する不安をほぼ解消することができるため、ＥＶでの遠出も視野に入れ、ファーストカーとして購入に踏み切ることができるのです。

読者の皆さんの充電環境や使用用途にあわせて、最適なＥＶの購入をご検討ください。

高橋　優［たかはし・ゆう］

1996年、埼玉県生まれ。日本初のEV専門ジャーナリスト。2020年よりYouTubeチャンネル『EVネイティブ【日本一わかりやすい電気自動車チャンネル】』を運営。世界の最新EVニュースをわかりやすく解説している。新型EV情報はもちろん、充電インフラ、バッテリーの最新情報、国内外のEV事情など、深く、広く情報を網羅。同時に様々なEVの1000kmチャレンジ、極寒車中泊など、EVの運用を体を張ってテスト。ユーザー目線の情報も数多く発信している。

写真：高橋　優、編集部
編集：木村順治

EVショック
ガラパゴス化する自動車王国ニッポン

二〇二三年二月六日　初版第一刷発行

著者　高橋　優
発行人　下山明子
発行所　株式会社小学館
〒一〇一－八〇〇一　東京都千代田区一ツ橋二ノ三ノ一
電話　編集：〇三－三二三〇－五六五一
販売：〇三－五二八一－三五五五

印刷・製本　中央精版印刷株式会社

Printed in Japan ISBN978-4-09-825445-3